AutoCAD —天正T20
建筑图绘制方法

AUTOCAD TIANZHENG T20 BUILDING DRAWING METHOD

朱 江·主编

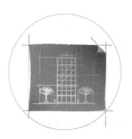

中国原子能出版社
China Atomic Energy Press

图书在版编目（CIP）数据

AutoCAD-天正T20建筑图绘制方法 / 朱江主编．
—北京：中国原子能出版社，2020.6（2023.1重印）

ISBN 978-7-5221-0640-3

Ⅰ.A… Ⅱ.①朱… Ⅲ.①建筑制图-计算机辅助
设计-AutoCAD软件 Ⅳ.①TU20

中国版本图书馆CIP数据核字（2020）第105705号

AutoCAD-天正T20建筑图绘制方法

出版发行	中国原子能出版社（北京市海淀区阜成路43号 100048）
责任编辑	蒋焱兰（邮箱：ylj44@126.com QQ：419148731）
特约编辑	瞿明康 蒋 睿
责任印制	赵 明
印 刷	河北宝昌佳彩印刷有限公司
经 销	全国新华书店
开 本	787 mm×1092 mm 1/16
印 张	18
字 数	290千字
版 次	2020年6月第1版 2023年1月第2次印刷
书 号	ISBN 978-7-5221-0640-3
定 价	72.00元

出版社网址：http：//www.aep.com.cn　　　E-mail：atomep123@126.com
发行电话：010-68452845

前　言

PREFACE

　　计算机技术的进步显著地改变了建筑设计与绘图的过程。现在的制图软件从二维绘图进步到三维绘图,也开始将实体建模作为从小住宅到复杂的大规模建筑群设计与表现的辅助手段。因此,认可数字绘图工具为建筑制图提供了独特的机遇和挑战是很重要的。然而,无论是手绘,还是借助于计算机辅助制图软件,决定有效沟通建筑设计思想的规范与标准仍然保持不变,与此同时,不断更新的计算机制图软件也对行业内的工作者提出了更高的要求。

　　现今,AutoCAD是作为最流行的计算机辅助设计软件之一,其功能非常强大,使用方便。AutoCAD凭借其智能化、直观生动的交互界面以及高速强大的图形处理能力,在建筑设计领域中应用极为广泛。而本书主要介绍的天正建筑设计软件,是北京天正工程软件有限公司利用AutoCAD图形平台开发的优秀国产软件,主要用于绘制建筑图纸,它使得设计师绘制建筑图纸时更为灵活、方便,不仅可以减轻工作强度,还可以提高出图的效率和质量。目前,天正公司推出了最新的天正建筑T20版本,代表了当今建筑设计软件的最新潮流和技术巅峰。在这样的大环境和趋势之下,本书才得以诞生。

　　本书拥有完善的知识体系和教学方法,按照合理的天正建筑软件教学培训分类,采用阶梯式学习方法,对天正建筑T20软件的构架、应用方向以及命令操作进行详尽地讲解,循序渐进地提高读者的使用能力。作者秉承服务读者的理念,通过大量的经典实用案例对功能模块进行讲解,以提高读者的软件应用水平,使读者全面掌握所学知识,更好地投入到相应的工作中去。本书拥有完善的知识体系和教学方法,采用阶梯式学习方法,对设计专业知识、软件构架、应用方向以及命令操作都进行了详尽地讲解,以此种方式提高读者使用此软件的能力。

目 录
CONTENTS

第一章　建筑制图的基本知识

第一节　建筑制图概述

一、建筑制图的概念

建筑制图是指根据正确的制图理论的方法,依照国家标准《房屋建筑制图统一标准》(GB/T 50001—2017)、《总图制图标准》(GB/T 50103—2010)和《建筑制图标准》(GB/T 50104—2010)将设计思想和技术特点清晰、准确的表现出来。上述三个标准是建筑专业手工制图和计算机制图的依据。

二、建筑制图程序

房屋的设计按照由简单到复杂的过程分为方案图设计、初步设计、施工图设计三个阶段。建筑制图的程序是与上述房屋设计的过程相一致的。就每个阶段来看,一般遵循平面、立面、剖面、详图的过程进行绘制[①]。

第二节　建筑制图的规范要求

一、图纸幅面、标题栏和会签栏

图纸幅面即指图纸本身的大小规格,图框是图纸上所供绘图的范

---

① 刘莉. 建筑制图[M]. 武汉:华中科技大学出版社,2017.

围的边线。按照图纸幅面的长和宽的不同,依据国家标准的规定,图纸共有5种幅面规格即A0(也称0号图纸,其余类推)、A1、A2、A3、A4,每种图幅的长宽尺寸如表1-1所示,表中符号的意义如图1-1、图1-2所示。

表1-1　图纸幅面尺寸(单位:mm)

幅面代号 尺寸	A0	A1	A2	A3	A4
B×L	841×1189	594×841	420×594	297×420	210×297
c	10			5	
a	25				

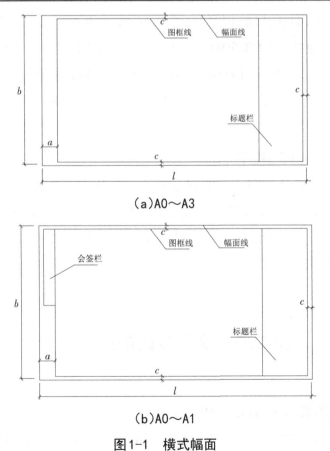

（a）A0～A3

（b）A0～A1

图1-1　横式幅面

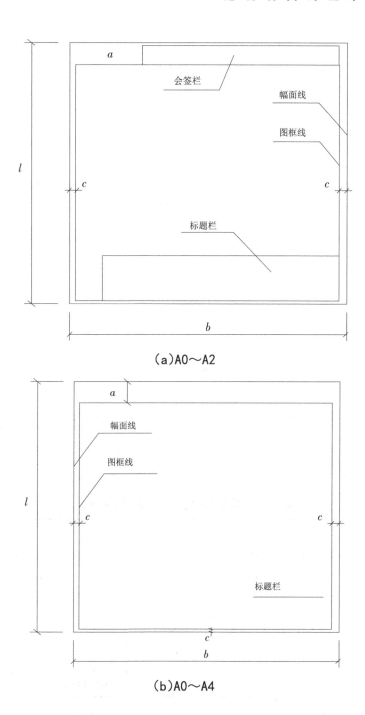

（a）A0～A2

（b）A0～A4

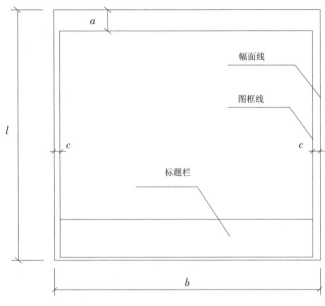

（c）A0～A4

图1-2　立式幅面

表1-1中图纸幅面尺寸是标准尺寸，同时国家标准中又规定了对于A0～A3的图纸可以在长边进行加长，以适应建筑物的具体情况，但短边不能进行加长。其加长尺寸的规定如表1-2所示。如有特殊需要可采用$b×l$=841 mm×891 mm或1189 mm×1261 mm的幅面。

表1-2　图纸长边加长尺寸（单位:mm）

幅面代号	长边尺寸	长边加长后尺寸
A0	1189	1486（A0+1/4l）、1783（A0+1/2l）、2080（A0+3/4l）、2378（A0+l）
A1	841	1051（A1+1/4l）、1261（A1+1/2l）、1471（A1+3/4l）、1682（A1+l）1892（A1+5/4l）、2102（A1+3/2l）
A2	594	743（A2+1/4l）、891（A2+1/2l）、1041（A2+3/4l）、1189（A2+l）1338（A2+5/4l）、1486（A2+3/2l）、1635（A2+7/4l）、1783、（A2+2l）1932（A2+9/4l）、2080（A2+5/2l）
A3	420	630（A3+1/2l）、841（A3+l）、1051（A3+3/2l）、1261（A3+2l）、1471（A3+5/2l）、1682（A3+3l）、1892（A3+7/2l）

图纸的标题栏的作用主要是表明该图纸的设计单位、工程名称、设计和审核人、图名以及图号等内容。一般的图标格式如图1-3所示。

会签栏是为各工种负责人审核后签名用的表格,包括专业、姓名、日期等内容如图1-4所示,对于图1-1(b)、图1-2(b)、(c)这样的图纸,不设此栏。

图1-3　标题栏格式(单位:mm)

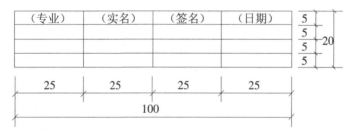

图1-4　会签栏格式(单位:mm)

二、图线要求

在建筑工程施工图中。房屋的构件均采用各种线条绘成,不同的线型表示不同的对象和不同的部位,代表不同的含义。为了能够清晰、准确、美观的表达设计思想,国标中采用了一套常用的线型,并规定了特定的使用范围,具体见表1-3所示。

表1-3　建筑施工图常用线型统计表

名称	线型	图示	线宽	适用范围
实线	粗	————	b	建筑平面图、剖面图、详图的被剖切到的主要构件截面轮廓线;建筑立面图外轮廓线;图框线;详图符号;剖切线。总平面图中的新建建筑物轮廓线

续 表

名称	线型	图示	线宽	适用范围
	中	——————————	0.5b	建筑平面图、剖面图被剖切到的次要构件截面轮廓线;建筑立面图构配件轮廓线;详图中的一般轮廓线;尺寸起止符号
	细	——————————	0.25b	尺寸线、图例线、索引符号、材料线和其他细部刻画用线
虚线	中	- - - - - - - - - - -	0.5b	构造详图中不可见的实物轮廓线;平面图中起重机轮廓;拟建建筑的轮廓线
	细	- - - - - - - - - - -	0.25b	其他不可见的次要构件轮廓线
点划线	粗	▬ ▬ ▬ ▬	b	吊车轨道线等
	细	- · - · - · - · -	0.25b	定位轴线、构配件的中心线、对称线等
折断线	细	⁓⁓⁓	0.25b	省略画出图样的断开界线
波浪线	细	〜〜〜〜	0.25b	构造层次的断开界线,有时也表示省略画出图样的断开界线

图线宽度b,宜采用1.0 mm。此外,画线时要注意以下几点:

第一,相互平行的图线,其间隙不宜小于其中的粗线的宽度,且不宜小于0.7 mm。

第二,虚线、点划线或双点划线的线段长度和间隔,宜各自相等。

第三,点划线或双点划线,在较小图形中绘制有困难时,可用实线代替。

第四,点划线或双点划线的两端,不应是点,点划线与点划线交接或点划线与其他图线交接时,应是线段交接。

第五,虚线与虚线交接或虚线与其他图线交接时,应是线段交接。虚线为实线的延长线时,不得与实线连接。

第六,图线不得与文字、数字式符号重叠、混淆。不可避免时,应首先保证文字的清晰。

三、字体

在一套完整的施工图纸中,除了用图线表述图形实体之外,还有一些用图线方式表现的不充分和无法用图线表示的地方,这些地方就需要用文字进行说明,例如,设计说明、材料名称、构造做法和统计表及图名等,此外在图纸中还有各种符号、字母代号、尺寸数字等等。这些内容都是图纸的重要组成部分,制图规范对该部分的字体、字体大小、字号均作了具体的规定。

1.汉字

国标规定,工程图中用的汉字采用长仿宋体。汉字的字高不能小于3.5 mm。文字要求笔画清晰、字体端正排列整齐。字体的高度和宽度按照表1-4进行选用。

表1-4　长仿宋体字高宽关系(单位:mm)

字高	3.5	5	7	10	14	20
字宽	2.5	3.5	5	7	10	14

字体的高度代表字体的号数,字体的宽高比为0.7,如需要采用比表1-4中所列的更大的字,高度按照的倍数递增。

2.数值和字母

图纸当中的数字和字母分直体和斜体两种,其字号选择宜比汉字字高小一号,但应不小于2.5 mm。对于斜体的数字和字母应与水平线呈75°,字高和字宽与相应的正体字相等。

四、比例

图纸中的比例是指图形和实物相对应的线性尺寸比值的大小,绘图采用的比例形式有三种:放大比例、原值比例、缩小比例。建筑的平面图、立面图和剖面图采用缩小比例绘制,而构件的详图的绘制上述三种比例形式按情况均可采用。无论采用何种比例绘图,图纸上的尺寸标注的数值,均是所绘构件的真实尺寸。

建筑工程图中所用的具体比例数值,可从表1-5中选择,并优先采用表中的常用比例。

表1-5　绘图采用的比例

原值比例	常用比例	$1:1$
放大比例	常用比例	$5:1$、$2:1$、$5 \times 10^n:1$、$2 \times 10^n:1$、$1 \times 10^n:1$
	可用比例	$4:1$、$2.5:1$、$4 \times 10^n:1$、$2.5 \times 10^n:1$
缩小比例	常用比例	$1:2$、$1:5$、$1:10$、$1:2 \times 10^n$、$1:5 \times 10^n$、$1:1 \times 10^n$
	可用比例	$1:1.5$、$1:2.5$、$1:3$、$1:4$、$1:1.5 \times 10^n$、$1:2.5 \times 10^n$、$1:3 \times 10^n$、$1:4 \times 10^n$

比例应注写在图名的右侧,字的基准线应取平。比例的字高宜比图名的字高小一号或二号,如图1-5所示。

平面图 $1:100$

图1-5　比例的注写

五、尺寸标注

在建筑施工图中,绘制的建筑物及其各部分的形状,必须准确、详尽、清晰地标注尺寸,以确定其大小和彼此之间的位置关系,作为施工时的依据[1]。

图样上的尺寸一般由尺寸界线、尺寸线、尺寸起止符号和尺寸数字组成,如图1-6(a)所示。对尺寸的各组成部分要求如下。

1.尺寸线

应用细实线绘制;图样本身的任何图线均不得用作尺寸线;尺寸线应与被注长度平行;平行排列的尺寸线的间距宜为7~10 mm。

2.尺寸界线

应用细实线绘制;尺寸界线一般应与被注长度垂直,并超出尺寸

---

①马广东,于海洋,郜颖. 建筑制图[M]. 北京:航空工业出版社,2015.

线2～3 mm,尺寸界线一端应离开图样轮廓线不小于2 mm,如图1-6
(b)所示;图样的轮廓线、中心线及轴线的引出线可用作尺寸界线。

　　3.尺寸起止符号

　　用中粗斜短线绘制,其倾斜方向应与尺寸界线成顺时针45°角,长
度宜为2～3 mm;对于斜着引出尺寸界线来标注尺寸(尺寸界线与尺
寸线不垂直),由于尺寸起止点上画45°倾斜线难以表达清楚,可改用
箭头作为尺寸起止符号。半径、直径、角度、弧长的尺寸起止符号宜用
箭头表示,箭头的画法如图1-6(c)所示。当相邻尺寸界线的间隔很小
时,尺寸起止符号可用涂黑的小黑点表示。

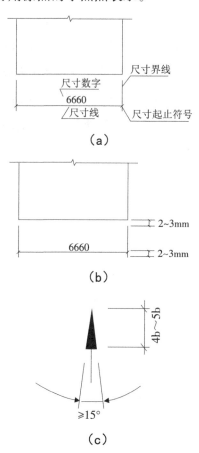

（a）尺寸的四要素;(b)、(c)尺寸线、尺寸界线和尺寸起止符号

图1-6　尺寸的组成

4.尺寸数字

图样上的尺寸单位,除标高及总平面以米为单位外,其他必须以毫米为单位;尺寸数字应写在尺寸线中间;在水平尺寸线上的,应从左至右写在尺寸线上方,在垂直尺寸线上的,应从下至上写在尺寸线左方;两尺寸界线之间比较窄时,尺寸数字可注在尺寸界线外侧,或上下错开,或用引出线引出再标注,如图1-7所示。

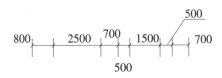

图1-7 尺寸数字的注写

尺寸的排列与布置时应注意以下几点,如图1-8所示:①尺寸宜标注在图样轮廓以外。②互相平行的尺寸线,应从被注写的图样轮廓线由近向远整齐排列,较小尺寸应离轮廓线较近,较大尺寸应离轮廓线较远。③总尺寸的尺寸界线应靠近所指部位,中间分尺寸的尺寸界线可稍短,但其长度应相等。

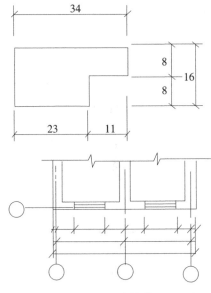

图1-8 尺寸的布置

尺寸标注基本规则如下：①构件的真实大小应以图样上所注的尺寸数值为依据，与图样的大小及绘图的准确度无关。②图样中（包括技术要求和其他说明）的尺寸，以毫米为单位时，不需标注计量单位的代号或名称；如采用其他单位，则必须注明相应的计量单位的代号或名称。③图样中所标注的尺寸，为该图样所示构件的最后完工尺寸，否则应另行说明。构件的每一尺寸，一般只标注一次，并应标注在反映该结构最清晰的图形上。

六、常用的建筑材料图例

在比例的建筑施工图中，当建筑构件被剖切时，通常需要在图样的断面轮廓线内绘出建筑材料图例。表1-6给出了《房屋建筑制图同意标准》（GB/T 50001—2017）中规定的常用建筑材料图例。在该标准中只是规定了常用建筑材料图例的画法，对其尺度比例不做具体规定，绘图时可根据图样的具体情况而定。

表1-6　常用建筑材料图例

序号	名称	图例	说明
1	自然土壤		包括各种自然土壤
2	夯实土壤		
3	砂、灰土	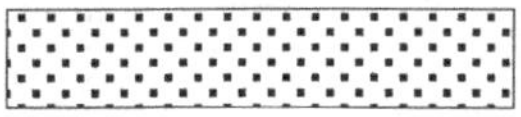	靠近轮廓线的点较密
4	砂砾石、碎砖三合土	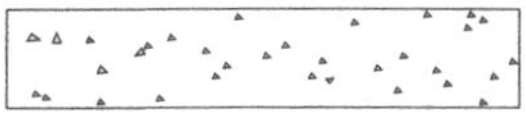	
5	石材		
6	毛石	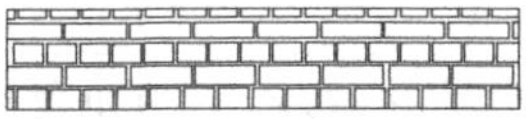	
7	实心砖 多孔砖		包括普通砖、多孔砖、混凝土砖等砌体
8	耐火砖	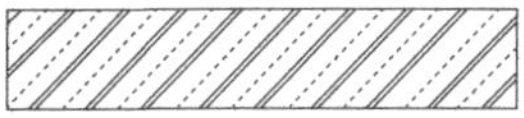	包括耐酸砖等砌体
9	空心砖 空心砌块	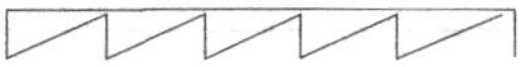	包括空心砖、普通或轻骨料混凝土小型空心砌块等砌体

续 表

序号	名称	图例	说明
10	饰面砖	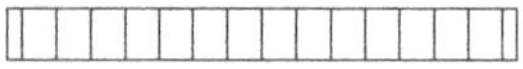	包括铺地砖、玻璃马赛克、陶瓷锦砖、人造大理石等
11	焦渣、矿渣	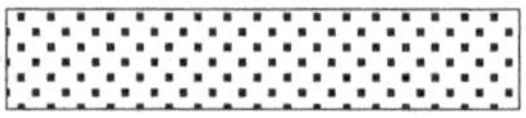	包括水泥、石灰等混合而成的材料
12	加气混凝土	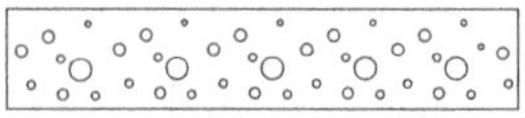	包括加气混凝土砌块、加气混凝土墙板及加气混凝土材料制品等
13	混凝土	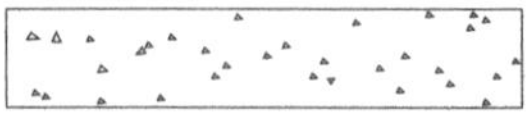	1.指能承重的耗能及钢筋混凝土
14	钢筋混凝土	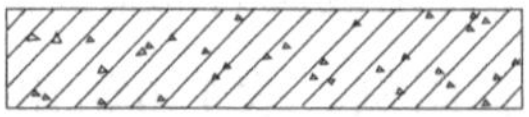	2.包括各种强度等级、骨料、添加剂的混凝土 3.在剖面图上画出钢筋时，不画图例线 4.断面图像较小，不易绘制表达图例线时，可涂黑
15	多孔材料		包括水泥珍珠岩、沥青珍珠岩、泡沫混凝土、软木、蛭石制品等
16	纤维材料	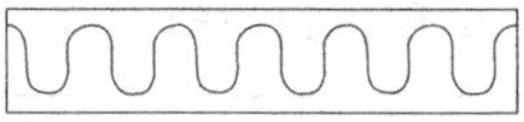	包括矿棉、岩棉、玻璃棉、麻丝、木丝板、纤维板等
17	泡沫塑料材料	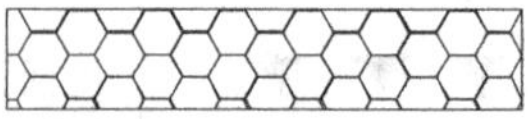	包括聚苯乙烯、聚乙烯、聚氨酯等多孔聚合物类材料
18	木材	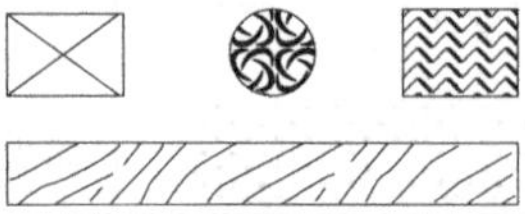	1.上图为横断面，从左至右依次为垫木、木砖和龙骨 2.下图为纵断面
19	胶合板	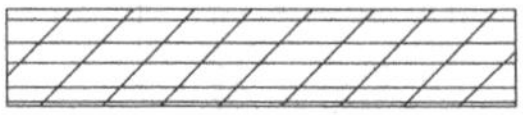	应注明为几层胶合板
20	石膏板	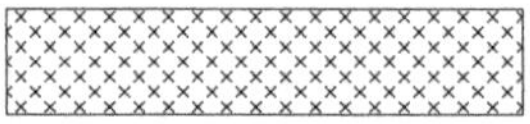	包括圆孔或方孔石膏板、防水石膏板、硅钙板、防火石膏板等
21	金属	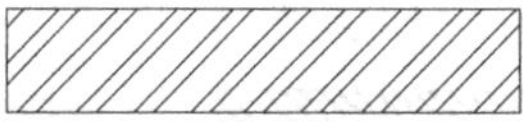	1.包括各种金属 2.图形较小时，可涂黑
22	网状材料		1.包括金属、塑料网状材料 2.应注明具体材料名称
23	液体	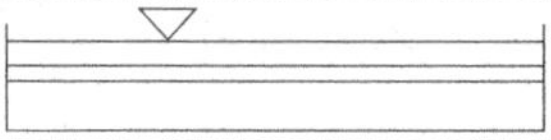	应注明具体液体名称

续表

序号	名称	图例	说明
24	玻璃		包括平板玻璃、磨砂玻璃、夹丝玻璃、钢化玻璃、中空玻璃、夹层玻璃、镀膜玻璃等
25	橡胶		
26	塑料		包括各种软、硬塑料和有机玻璃等
27	防水材料		构造层次多或绘图比例大时,采用上面的图例
28	粉刷		本图例采用较稀的点

第二章　建筑施工图

第一节　概　述

建筑施工图是表示房屋的总体布局、内外形状、平面布置、建筑构造及装修做法的图样。它是运用平行正投影原理及有关专业知识绘制的工程图样，是指导施工的主要技术资料。

一、房屋的组成

房屋按照使用功能一般可归纳为工业建筑和民用建筑，建筑物通常主要由基础、墙或柱、楼地面、楼梯、屋顶和门窗等部分组成，如图2-1所示。

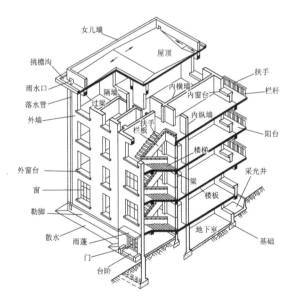

图2-1　房屋的基本组成

图2-1中的这些构配件有的起到承重作用,如基础、墙或柱、楼地面、屋面;有的起到围护作用,如墙、屋面;有的起到沟通房屋内外或上下交通作用,如楼梯、门、台阶;有的起到采光通风作用,如门窗;有些起到排水作用,如挑檐沟、雨水管、散水等;有的起到保护墙身作用,如勒脚等。

建筑物除了以上主要构配件以外,还有一些附属部分,如阳台、雨篷、通风道、烟囱等。

二、施工图分类

施工图按照其内容、作用的不同,可分为建筑施工图、结构施工图、设备施工图等几种。其中设备施工图又分为给水排水施工图、采暖通风施工图和电气施工图三种。

全套房屋施工图的排列顺序为:图纸目录、设计总说明、建筑施工图(简称建施)、结构施工图(简称结施)、给水排水施工图(简称水施)、采暖通风施工图(简称暖施)和电气施工图(简称电施)。[①]

第二节　建筑总平面图

建筑总平面图是表明建筑物建设所在位置的平面状况的布置图,是表明新建房屋及其周围环境的水平投影图。它主要反映新建房屋的平面形状、位置、朝向且与周围地形、地貌的关系等。在总图中用一条粗虚线来表示用地红线,所有新建拟建房屋不得超出此红线并满足消防、日照等规范。总图中的建筑密度、容积率、绿地率、建筑占地、停车位、道路布置等应满足设计规范和当地规划局提供的设计要点,总平面图常用的比例是1:500、1:1000、1:2000等。

---

①鲍凤英,任颖. 怎样识读建筑施工图[M]. 北京:金盾出版社,2011.

一、建筑总平面图的内容

建筑总平面图的基本内容包括:①新建建筑物。拟新建建筑物,用粗实线框表示,并在线框内,用数字或黑点表示建筑层数,并标出标高。②新建建筑物的定位。通常是利用原有建筑物、道路、坐标等来定位。③新建建筑物的室内外标高。我国把青岛市外的黄海海平面作为零点所测定的高度尺寸,称为绝对标高。在总平面图中,用绝对标高表示高度数值,单位为 m。④相邻有关建筑、拆除建筑的位置或范围。原有建筑用细实线框表示,并在线框内,也用数字表示建筑层数。拟建建筑物用虚线表示。拆除建筑物用细实线表示,并在其细实线上打叉。⑤附近的地形地物,如等高线、道路、水沟、河流、池塘、土坡等。⑥指北针和风向频率玫瑰图。⑦绿化规划、管道布置。⑧道路(或铁路)和明沟等的起点、变坡点、转折点、终点的标高与坡向箭头。

以上内容并不是在所有总平面图上都必须表现的,可根据具体情况加以选择。例如,对于一些简单的工程,可以不必绘制等高线、坐标网或绿化规划和管道布置等。此外,总平面图中的标高和距离等尺寸通常以"米"为单位,取小数点后 2 位,不足时以"0"补齐①。

二、建筑总平面图常用图例

总平面图通常采用较多的图例符号来表达需要给出的内容,因此我们必须熟悉总平面图中的常用图例。国家标准《总图制图标准》(GB/T 50103—2010)中的部分图例如表 2-1 所示,当绘制的总平面图中采用了非"国标"规定的自定图例时,则必须在总图中另行说明,并注明所用图例的含义。

总平面图中对于建筑物的朝向一般采用两种方式进行表达,一种方式是采用指北针,其形式国家标准规定如图 2-2(a)所示。另一种方式为采用风玫瑰图,其形式如图 2-2(b)所示,风玫瑰是总平面图上用来表示该地区年风向频率的标志。它是以十字坐标定出东、西、南、

①何培斌. 建筑制图与识图[M]. 重庆:重庆大学出版社,2017.

北、东南、东北、西南、西北等16个方向后,根据该地区多年平均统计的各个方向吹风次数的百分数值,绘制成的折线图也叫风频率玫瑰图,简称风玫瑰图。图上所表示的风的吹向,是指从外面吹向地区中心的。风玫瑰图的实线表示该地多年平均的最频风向。虚线表示夏季的主导风向。

表2-1 总平面图常用图例(部分)

名称	图例	说明
新建建筑物	① 12*F*/2D H=59.00m	1.新建建筑物以粗实线表示与室外地坪相接处±0.00外墙定位轮廓线 2.建筑物一般以±0.00高度处的外墙定位轴线交叉点坐标定位。轴线用细实线表示,并标明轴线号 3.根据不同设计阶段标注建筑编号,地上、地下层数,建筑高度,建筑出入口位置(两种表示方法均可,但同一图纸采用一种表示方法) 4.地下建筑物以粗虚线表示其轮廓 5.建筑上部(±0.00以上)外挑建筑用细实线表示,建筑物上部连廊用细虚线表示并标注位置
原有建筑物		用细实线表示
计划扩建的预留地或建筑物		用中粗虚线表示
拆除的建筑物		用细实线表示
围墙及大门		
测量坐标	X=12.975 Y=109.047	表示地形测量坐标系
建筑坐标	A=12.975 B=109.047	表示自设坐标系,坐标数字平行于建筑标注
方格网交叉点标高	-0.50 | 77.85 | 78.35	"78.35"为原地面标高 "77.85"为设计标高 "-0.50"为施工高度 "-"表示挖方("+"表示填方)

续 表

名称	图例	说明
室内地坪标高	±0.000	数字平行于建筑物书写
室外地坪标高	50.00	室外标高也可采用等高线
原有的道路	———	
棕榈植物	✳ ✾	

北

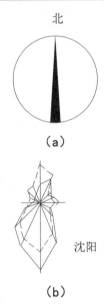

（a）

沈阳

（b）

图 2-2　指北针和风玫瑰的表示方法

第三节　建筑平面图

一、建筑平面图的形成和内容

　　建筑平面图就是将房屋用一个假想的水平剖切面，沿房屋外墙上的窗口（位于窗台稍高一点）的地方水平切开，并对剖切面以下部分进行水平投影所得的剖切面即为房屋的平面图。它表示房屋的平面形状、大小和房间的布局，墙、柱的位置、尺寸、厚度和材料，门窗的类型和位置等情况。

一般情况下,若房屋建筑的层数为n,则需要绘制$n+1$个平面图,并相应地称为首层平面图、二层平面图、……、屋顶平面图等。但若当房屋的中间若干层的平面布置完全一致时,则可将这些完全相同的平面图用一个标准层平面图表示,称为标准层平面图或称为××层~××层平面图。

注意:绘制平面图时,一般应由低向高逐层绘制平面图[1]。

二、建筑平面图的内容和绘制要求

建筑平面图的基本内容包括以下几方面。

第一,房屋的平面外形、总长、总宽和建筑面积。

第二,墙、柱、墩、内外门窗位置及编号,房间的名称或编号,轴线编号。

第三,室内外的有关尺寸及室内楼、地面的标高(首层地面±0.000)。

第四,电梯、楼梯位置,楼梯上下方向且主要尺寸。

第五,阳台、雨篷、踏步、斜坡、竖井、烟囱、雨水管、散水等位置和尺寸。

第六,卫生器具、水池、隔断及重要设备位置。

第七,地下室、地坑、地沟、阁楼(板)、检查孔、墙上预留孔等的位置及高度,若是隐蔽的或在剖切面以上,则采用虚线表示。

第八,剖面图的剖切符号和编号(通常标注在首层平面图中)。

第九,标注有关部位的节点详图的索引符号。

第十,在首层平面图中,绘制指北针符号。

第十一,屋顶平面图的内容,主要包括女儿墙、檐沟、屋面坡度、分水线、落水口、变形缝、天窗及其他构筑物、索引符号等。

以上内容可根据具体建筑物的实际情况的不同而有所不同。

三、建筑平面图绘制要求

1.图纸的名称和比例

从图名可以了解该图是哪一层的平面图,以及该图的比例是

①田东梅.建筑制图与识图[M].重庆:重庆大学出版社,2016.

多少。

2. 朝向

在首层平面图中,需要在图中明显的位置绘制出指北针,以此判断建筑物的朝向并且所指的方向应与总图一致。指北针用细实线圆进行绘制,如图2-2(a)所示,圆的直径宜为24 mm,在圆中有以尾部宽度为3 mm的指针,指针指向北方,标记为"北"或"N"(国内工程注"北",涉外工程注"N")。若要用较大直径绘制指北针时,指针尾部的宽度宜为直径的1/8。

3. 线型

在建筑平面图中,粗实线通常表示被水平剖切面切到的墙、柱的断面轮廓线;中粗虚线表示被剖切到的门窗的开启示意线;细实线表示尺寸标注线、引出线、未剖切到的可见线等;细点划线表示定位轴线和中心线等。

4. 定位轴线及编号

定位轴线是各构件在长宽方向的定位依据。

凡是承重的墙、柱,都必须标注定位轴线,根据"国标"(GB/T 50001—2017)规定,定位轴线用细点划线绘制,并按顺序予以编号。轴线编号的圆圈用细实线绘出,直径为8 mm,详图上为10 mm。轴线编号应写在圆圈内。在建筑平面图中,水平方向的轴线采用阿拉伯数字从左至右依次编号,竖直方向采用大写的拉丁字母从下至上依次编号。拉丁字母中的I、O、Z不得用于轴线铺号,以免与数字1、0、2混淆。

对于一些与主要承重构件相联系的次要构件,它的定位轴线一般可作为附加轴线,编号采用分数表示,两根轴线之间的附加轴线,以分母表示前一轴线的编号,分子表附加轴线的编号,用阿拉伯数字编写,如图2-3(a)所示,1号轴线或A号轴线之前的附加轴线的分母应以01或0A表示,如图2-3(b)所示。

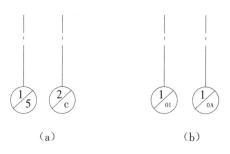

（a）　　　　　　　　　　（b）

图2-3　附加轴线

5.材料图例

在建筑平面图中,承重结构的建筑材料应按国标规定的图例来绘制。"国标"(GB/T 50104—2010)规定若平面图比例小于等于1∶50,可不绘制出材料图例(砌体承重材料只用粗实线绘出轮廓即可,但对于钢筋混凝土材料则必须以涂黑进行表述)。当比例大于1∶50,应绘制出其材料图例。

6.平面布局和门窗编号

"国标"(GB/T 50104—2010)规定的各种常用的门窗图例,如表2-2所示(包括门窗立面和剖面图例),并对门窗进行编号。通常情况下,门的名称代号为M、窗的名称代号为C,同一编号表示同一类型的门窗,它们的构造和尺寸均一样。当门窗采用标准图集时,应注写标准图集编号和图号。从所写的编号可知门窗共有多少种。一般在首页图或与平面图同页图纸上,附有门窗表,在表中列出门窗的编号、名称、尺寸、数量及所选标准图集的编号等内容。

表2-2　常用门窗图例(部分)

名称	图例	名称	图例
单面开启单扇门（平开或单面弹簧）		单面开启双扇门（平开或单面弹簧）	

续 表

名称	图例	名称	图例
单层外开平开窗		双层内外开平开窗	

7.尺寸标注

在建筑平面图中的尺寸标注分为外部尺寸标注和内部尺寸标注。

外部尺寸标注在建筑物轮廓线之外,一般在水平方向和竖直方向各标注三道,最外一道尺寸标注房屋水平方向的总长、总宽,称为总尺寸;中间一道尺寸标注相邻两轴线之间的距离称为轴线尺寸,用以说明房屋的开间、进深尺寸。最里边一道尺寸以轴线定位的标注房屋外墙的墙段及门窗洞口尺寸,称为细部尺寸。此外,台阶(或坡道)、花池及散水等细部尺寸,可单独标注。

内部尺寸标注在建筑物轮廓线之内,主要标注房屋内部门窗洞口、门垛等细部尺寸,以及标注各房间长、宽方向的净空尺寸、墙厚、柱子截面和房屋其他细部构造的尺寸。

8.剖切符号

剖切符号按"国标"规定(GB/T 50001—2017)一般绘制在建筑物轮廓线之外,具体表示方法如图2-4所示。

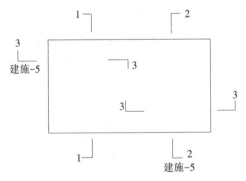

图2-4 剖切符号表示方法

9.索引符号和标高符号

为了方便施工时查阅图样中的某一局部或构件,如需另见详图时,通常采用索引符号注明画出详图的位置、详图的编号和详图所在的图纸编号。按"国标"规定(GB/T 50001—2017)标注方法如下。

用一引出线指出需要给出详图的位置,在引出线的另一端画一个直径为 10 mm 的细实线圆,圆内过圆心画一条水平直线,上半圆中用阿拉伯数字注明该详图的编号,下半圆中用阿拉伯数字注明该详图所在图纸的图纸号。若详图与被索引的图样在同一张图纸内,则在下半圆中间画一条水平细实线。若所引出的详图采用标准图,应在索引符号水平直径的延长线上加注该标准图集的编号。如 2-5 所示。

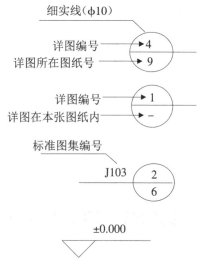

图 2-5　索引符号和标高符号示例

在建筑平面图中,室内外地坪、楼地面、檐口等位置的标高通常采用相对标高进行,即以房屋首层地面作为相对零点(±0.000)进行标高。当所注的标高高于±0.000 时为"正",注写时省略"+"号,当所注的标高低于±0.000 时为"负",注写要在标高数字前加注"-"号。标高符号以细实线绘制,其注写方法如图 2-5 所示。标高数值以"米"为单位,通常精度为小数点后三位。

10.其他

在建筑首层平面图中,还应表示楼梯、散水、室外台阶、花池等设施的位置及尺寸,有关图例见表2-3。

表2-3 构造及配件图例(部分)

名称	图例	备注
楼梯	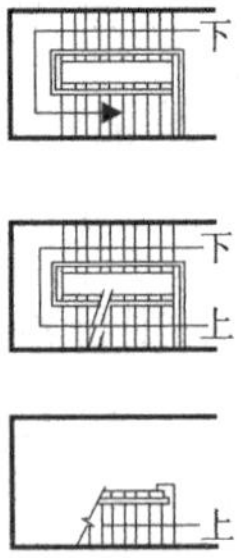	上图为顶层楼梯平面,中图为中间层楼梯平面,下图为底层楼梯平面
坡道	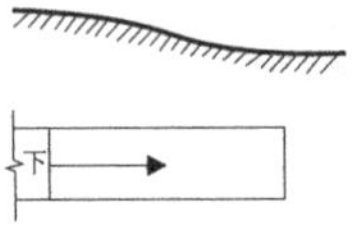	长坡道
台阶	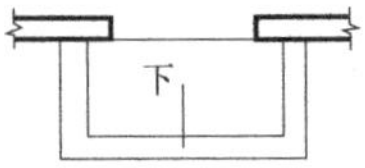	

第四节 建筑立面图

一、建筑立面图形成和内容

建筑立面图是指将建筑物的各个侧面,向与它平行的投影面进行正投影所得的投影图。其中,反映房屋主要出入口或比较显著反映房屋外貌特征那一面的视图称为正立面图,相应地把其他各立面图称为侧立面图和背立面图。立面图命名也可以指照房屋的朝向命名,如南立面图、东立面图、西立面图、北立面图,也可按建筑物轴线编号从左至右来命名。当房屋的立面为圆弧形、折线形、曲线形即有一部分不平行与投影面时,将该部分展开后用正投影方法画出其立面图,相应的图名为××立面展开图。

二、建筑立面图内容

建筑立面图的内容基本包括:

第一,室外地坪线、房屋的檐口、勒脚、台阶、花台、门、窗、门窗套、雨篷、阳台;室外楼梯、墙、柱;外墙的预留孔洞、屋顶(女儿墙或隔热层)、雨水管、墙面分格线或其他装饰构件等。

第二,外墙各主要部位的标高。如室外地坪、台阶、窗台、门窗顶、阳台、雨篷、檐口、突出屋面部分最高点等处完成面的标高,一般立面图上可不注线性尺寸,但对于外墙上的留洞需要给出其大小尺寸和定位尺寸。

第三,给出建筑物两端或分段的轴线且编号,并必须应与平面图相对应。

第四,各部分构造、装饰节点详图的索引符号。

第五,用图例、文字或列表说明外墙面的装饰材料及做法(一般采用文字说明)。

三、建筑立面图绘制要求

1.图纸的名称和比例

图名可按照立面的主次、朝向、建筑物两端的轴线编号来命名,比例应与平面图一致。

2.线型

国标规定建筑立面图中,用特粗实线表示建筑的室外地坪线,用粗实线表示建筑物的主要外形轮廓钱,用中粗实线描绘制门窗洞口、阳台、雨篷、台阶、檐口等构造的主要轮廓,用细实线描绘各处细部、门窗分隔线和装饰线等。

3.定位轴线

在立面图中只需要在房屋建筑的两端部标注出轴线,其标号应与平面图中相应位置的轴线编号一致,以便能够清晰地反映立面图与平面图的投影关系,从而确定立面的方位。

4.图例

通过立面图需要看出该建筑的立面外貌形状,了解该房屋的屋顶、门窗、雨篷、阳台、台阶、勒脚等细部的形式和位置。但立面图的比例较小,因此立面上的门窗往往只用图例表示,它们的构造和做法另用详图或文字说明。立面门窗图例绘出开启方向,开启线以人站在门窗外侧看,细实线表示外开,细虚线表示内开,线条相关一侧为合页安装边,如表2-2所示。相同类型的门窗可只绘出一两个完整图形,其它的只需要绘出轮廓线即可。

5.标高

建筑立面图应该表明外墙各主要部位的标高,也可标注相应的高度尺寸。标注的位置一般包括:室内外地面、楼面、阳台、檐口及门窗等。如有需要,还可标注一些局部尺寸,如补充建筑构造、设施或构配件的定位尺寸相应尺寸。

为了标注的清晰、整齐,一般将各标高排列在同一铅垂直线上。标高符号应采用图2-6(a)所示形式给出。图2-6(b)为具体的画法,标高数值标注方法与平面图标高数值标法一致。如同一位置表示不同标高时,可按照图2-6(c)的形式注写。

6.立面装修做法

在立面图上,需要用文字给出房屋外墙面装修的做法,外墙主要以浅蓝灰色面砖贴面,勒脚部分为麻灰色喷砂面砖并配以黑色立邦漆勾缝,雨篷和女儿墙采用宝石蓝灰色筒板瓦贴面,檐口和一层顶部装饰边采用白色成品欧式装饰线条①。

---

①赵丽华,杨哲. 建筑制图与识图[M]. 南京:东南大学出版社,2015.

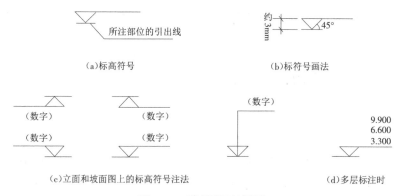

(a)标高符号   (b)标符号画法

(c)立面和坡面图上的标高符号注法   (d)多层标注时

图2-6 建筑标高符号

第五节 建筑剖面图

一、建筑剖面图形成

建筑剖面图,是假想用一个或多个垂直于外墙轴线的垂剖切面将房屋剖开,移去剖切平面与观察者之间的房屋部分,对余下部分房屋进行投靠所得到的正投影图,称为剖面图。剖面图用以表示房屋内部的结构或构造形式、分层情况和各部位的联系、材料及其高度等,是与平、立面图相互配合的不可缺少的重要图样之一。

剖面图的数量可根据房屋的具体情况和施工实际需要确定。剖切面一般选择横向,即平行于房屋侧面,但必要时也可纵向设置。不论横向还是纵向剖切位置应该选择在能反映房屋全貌、内部构造复杂和较具有代表性的部位,并应通过门窗洞口的位置。多层房屋的剖切面应选择在楼梯间或层高不同、层数不同的部位。剖面图的图名应与平面图上剖切符号的编号一致,如1-1剖面图、2-2剖面图、A-A剖面图等。

剖面图中的断面图样,其材料图例与粉刷面层线和楼、地面面层线的表示原则和方法,与平面图的处理方法相同。此外,剖面图中一般不绘出地面以下的基础部分,基础部分将以结构施工图中的基础图来表达。①

二、建筑剖面图包含的内容

建筑剖面图一般包含以下内容。

1.墙、柱及其定位轴线。

2.室内首层地面、地坑、地沟、各层楼面、顶棚、屋顶及其附属构件、门、窗、楼梯、阳台、雨篷、留洞、墙裙、踢脚、防潮层、室外地面、散水、排水沟等剖切到或能见到的内容。

3.各部位完成面的标高和高度方向尺寸。包括:

(1)标高内容

室内外地面、各个楼面与楼梯平台、檐口或女儿墙顶面、高出屋面的水池顶面、楼梯间顶面、电梯间顶面等处的标高。

(2)高度尺寸内容

外部尺寸:门、窗洞口高度,层间高度和总高度(室外地面至檐口或女儿墙墙顶)。

内部尺寸:地坑深度、隔断、搁板、平台、墙裙及室内门、窗等的高度。

4.楼、地面各层构造。采用引出线进行说明,引出线指向所说明的部位,并按其构造的层次顺序,逐层加以文字说明。如果另有详图可在详图中说明。

5.标出需画详图之处的索引符号。

三、建筑剖面图绘制要求

1.图纸的名称和比例

剖面图的图名应与平面图上剖切符号的编号一致,一般情况下为了绘图和施工方便,建筑剖面图是与建筑的平、立面图采用相同的比例进行绘制。

---

①董岚主,张莺,王刚,等. 建筑制图与识图[M]. 东营:中国石油大学出版社,2014.

2.线型

"国标"(GB/T 50104—2010)规定在建筑剖面图中,首层地面采用特粗实线表示,被剖切到的墙体等主要建筑构造的轮廓线采用粗实线,一般采用细实线表示末剖切到的可见部分。同时,对于比例大于或等于1:50的剖面图宜给出材料图例,对于比例小于1:50的剖面图一般不绘出材料图例,但对于钢筋混凝土构件需要用涂黑进行表示。

3.定位轴线

同平面图一样,在剖面图中,也需要对被剖切到的房屋建筑的主要承重构件绘制定位轴线,定位轴线应与平面图中的轴线相对应,以正确反映剖面图与平面图的投影关系,便于与建筑平面图对照进行识图和施工。

4.内部构造特征

在剖面图中,应绘制房屋室内地面以上各部位被剖切到的和投影方向上看到的建筑构造、构配件,如室内外地面、楼面、屋面、内外墙或柱及其门窗、楼梯、雨篷、阳台等。建筑制图标准(GB/T 50104—2010)规定,在比例1:100～1:200的剖面图中可以不绘制抹灰层,但宜绘制楼地面、屋面的面层线。

5.尺寸标注

剖面图在竖直方向上应标注房屋外部、内部一些必要的尺寸和标高。剖面图竖向外尺寸通常标注2～3道尺寸,最外边一道为建筑物总尺寸(从室外天然地面到屋顶檐口的距离),中间一道为层高尺寸(两层之间楼地面的垂直距离),最里面一道为门窗洞口及洞间墙的高度尺寸等。内部尺寸则标注内墙上的门窗洞口尺寸、窗台及栏杆高度、预留洞及地坑的深度等细部尺寸。剖面图水平方向的尺寸通常标注被剖切到的墙或柱的轴线之间的跨度,其他尺寸则视需要进行标注,如屋面坡度等。剖面图中标高,注写在室外地坪、各层楼面、地面、阳台、楼梯休息平台、檐口、女儿墙顶等部位,图中标高均为与±0.000

的相对尺寸。

剖面图中所注的尺寸、标高应与建筑平面图和立面图中的尺寸、标高相吻合,不能产生矛盾。

6.索引符号

剖面图中不能详细表示清楚的部位应引出索引符号,另用详图表示。当索引符号用于索引剖面详图时,应在被剖切的部位绘制剖切位置线。引出线所在一侧应为投射方向,如图2-7(a)表示向下投射。

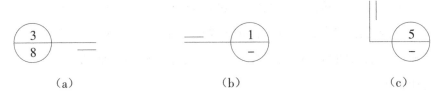

(a)   (b)   (c)

图2-7　用于索引剖面详图的索引符号

第六节　建 筑 详 图

一、建筑详图的基本知识

在绘制建筑平、立、剖面图时,通常建筑的体量都比较大,所以通常采用较小的比例进行绘制(1:100~1:200),在这样小比例的图形中,对于某些构造复杂的建筑细部无法表达清楚其形状和尺寸,因此需要配以大量较大比例的详图。根据施工的需要,绘制比例较大的图样,将某些建筑构配件(如门、窗、楼梯等)及一些构造节点(如檐口、勒脚等)的形状、尺寸、建筑材料、做法详细表达出来的图样,就是建筑详图。建筑详图是建筑平、立、剖面图的补充,是建筑施工中的重要依据之一。

建筑详图采用的比例,一般为1:1、1:2、1:5、1:10、1:20等。在建筑平、立、剖面图中,凡需绘制详图的部位均应绘制索引符号,同时在详图上标注相应的详图符号,详图符号与索引符号的编号必须一致,便于阅读图纸时查找相关的图纸。对于套用标准图集的建筑构配件和剖面节点,则可注明所套用图集的名称、编号和页码,而不必另画详图。详图符号的圆应以直径为 14 mm 的粗实线绘制,详图符号的画法如图 2-8 所示。

（a）　　　　　　　　　　　　　　　　　　　（b）

（a）详图与被索引图在同一张图纸内;（b）详图与被索引图不在同一张图纸内

图 2-8　详图符号

建筑详图通常包括局部构造详图（如外墙剖面详图、楼梯详图、门窗详图等）、房间设备详图（如卫生间详图、实验室详图等）及内外装修详图（如顶棚详图、花饰详图等）[①]。

二、墙身剖面详图

墙身剖面详图,是建筑剖面图中有关外墙部位的局部放大图。它主要去表达房屋的屋面、楼面、地面和檐口的构造,楼板与墙的连接以及窗台、窗顶、勒脚、防潮层、散水等处的构造、尺寸和用料等。

---

①梁胜增,吴美琼.建筑制图与识图[M].武汉:华中科技大学出版社,2015.

7. 卧铺10厚缸地砖面层,干水泥扫
   缝,每3m×6m留10缝宽,填1:3石
   灰砂浆:其结合层为1:3干硬性水
   泥砂浆25厚
6. 高聚物改性沥青涂膜防水层
5. 1:2.5水泥砂浆找平层(20厚)
4. 80厚聚苯板保温层
3. 水泥珍珠岩找坡层最薄处30厚找
   2%坡度;振捣密实,表面抹光
2. 1:2.5水泥砂浆找平层(20厚)
1. 现浇钢筋混凝土屋面板

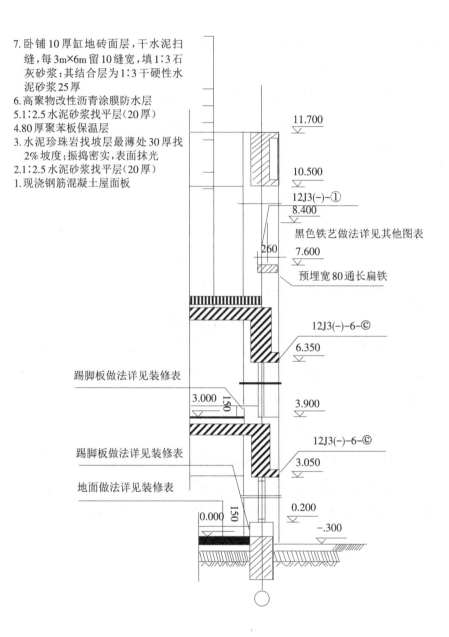

(a)1-1墙身大样 1:2.5

5.SBS改性沥青卷材防水层
4.1:2.5水泥砂浆找平层
3.80厚聚苯板保温层
2.水泥珍珠岩找坡面最薄处30厚
　振捣密实,表面抹光
1.先制钢筋混凝土屋面板

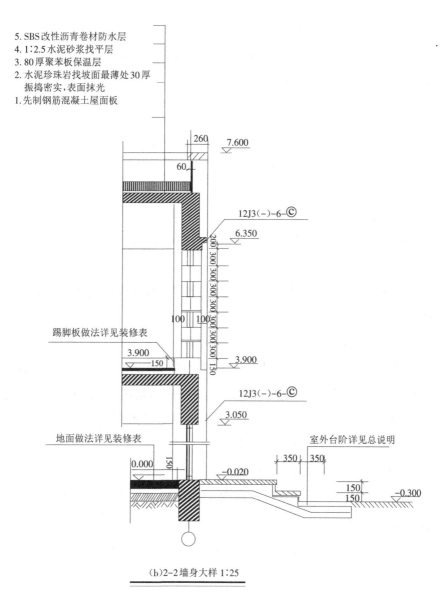

(b)2-2墙身大样 1:25

图2-9　墙身剖面详图

　　墙身剖面详图常在窗洞中间断开,成为几个节点详图的组合。在多层房屋中,如各层情况相同时,可以仅绘制底层、顶层或某个中间层,也可分别用几个节点详图表示。详图的线型要求与剖面图相同。

1.墙身剖面详图的内容

墙身剖面详图一般包括檐口节点、窗台节点、窗顶节点、勒脚和散水节点等,如图2-9(a)所示。

(1)檐口节点

檐口节点详图主要表达房屋檐口部位的做法,包括错口部位的承重墙、屋面(根据实际情况绘出它的构造,加屋架或屋面梁、屋面板、天沟、雨水口、女儿墙、架空层)等的构造。

(2)窗台节点

窗台节点主要表达窗台的构造和墙面的做法。

(3)窗顶节点

窗顶节点主要表达窗顶过梁处的构造,内外墙面的做法,楼面层的构造。

(4)勒脚和散水节点

勒脚和散水节点主要表达外墙脚处的勒脚和散水在外墙墙脚处的构造和做法,同时表达室内底层地面的构造情况。散水的作用是将墙脚附近的积水排泄到离墙脚一定距离的室外地坪的自然土壤中去,以保护外墙的墙基免受积水的侵蚀。

2.墙身剖面详图的绘制要求

(1)绘制时要结合首层平面图所标注的索引符号,表明该墙身剖面详图的具体位置。

(2)楼地面、屋面的做法采用分层表示方法,绘图时文字注写的顺序与图形的顺序是对应的。

(3)表明门窗立口和墙身的关系。在房屋建筑中,门窗框的立口有三种方式,即平内墙面、居墙中、平外墙面。图2-9中的门窗立口采用的是居墙中的方式。

(4)表明各部位的细部装修及防水防潮做法。如图2-9中所示的散水、防潮层、屋顶防水、勒脚等细部做法。

三、楼梯详图

楼梯是多层房屋中上下交通的主要设施,通常由楼梯段、休息平台、栏杆或栏板组成。楼梯的构造一般较复杂,在建筑平面、剖面这些小比例的图形中很难将其完整地表达清楚,因此,需要另画星图进行表述。

楼梯详图主要表示楼梯的类型、结构形式、各部位的尺寸和装修做法等,是楼梯施工放样的主要依据。

楼梯详图通常分为建筑详图与结构详图,应分别绘制并编入"建施"和"结施"中。而对于构造和装修简单的现浇钢筋混凝土楼梯,其建筑详图和结构详图也可合并绘制,并编入"建施"或"结施"图均可。楼梯的建筑详图通常包括楼梯平面图、楼梯剖面图、踏步和栏杆等节点详图。下面以图2-9(b)为例介绍楼梯详图的内容和图示方法。

1.楼梯平面图

楼梯的平面详图的剖切位置与建筑平面图略有差别,它的剖切位置是在通过盖层门窗洞或往上走的第一个梯段(休息平台下)的任一位置处。

在多层房屋建筑中,通常应分别绘制底层楼梯平面图、顶层楼梯平面图及中间各层的楼梯平面图。若中间各层的楼梯位置、梯段数量、踏步数、梯段长度完全相同时,可以只绘制一个中间层楼梯平面图,称为标准层楼梯平面图。同时,在此图中的楼层地面和休息平台面上标注出各层的标高。

各层被剖切到的梯段,按照《建筑制图标准》(GB/T 50104—2010)的规定,均在平面图中以一根45°折断线表示剖切位置。

楼梯平面图用轴线编号表明楼梯间在平面图中的位置,应标注梯段的长度和宽度、上行或下行的方向、踏步数相踏面宽度、楼梯休息平台的宽度、栏杆扶手的位置以及其他一些平面形状。梯段的上行或下行方向是由各层楼地面为基准来进行标注的。向上者称为上行、向下者称为下行,并用长线箭头和文字在梯段上注明上、下。此外,在楼梯平面图中还应标注楼梯的开间和进深、楼地面和平台面的尺寸,以及各细部的详细尺寸。通常把梯段长尺寸与踏面数、踏面宽的尺寸合并写在一起。如图2-19(b)所示,楼梯一层平面图中的280×11=3080,表示该梯段有11个踏面,每一个踏面宽280 mm,梯段长为3080 mm。

此外,这里需要特别指出的是,楼梯各层平面图上所画的每一分格,表示梯段的一级踏面,但因梯段最高一级的踏面与平台面或楼层面重合,因此平面图中的每一梯段绘制的踏面数,总会比踏步数少一个。

2.楼梯剖面图

楼梯剖面图,是假想用一个坚直剖切平面沿梯段的长度方向将楼梯间从上至下剖开,并向另一个梯段方向投影所得的剖面图,如图2-9所示。

楼梯剖面图能表达出楼梯梯段的结构形式、踏步的踏面宽、踏步高、步级数、楼梯梯段数和楼地面、休息平台、墙身、栏杆、栏板等的构造做法及其相对位置。

楼梯剖面图应标注楼地面、平台面的标高和梯段、栏杆或栏板的高度尺寸。梯段的高度尺寸标注方法与楼梯平面图中的长度注法相同,在高度尺寸中给出的是步级数(与踏面数相差为1)。

3.踏步、栏杆(板)和扶手详图

踏步、栏杆(板)和扶手详图通常用较大的比例绘制,表示踏步做法、栏杆栏板及扶手做法、梯段端点的做法等。踏步、栏杆(板)和扶手的做法还可以采用图集注写的方法进行表述。

第三章　AutoCAD2020基础

AutoCAD2020是美国Autodesk公司开发的计算机辅助设计和绘图软件的最新版本。AutoCAD软件从1982年推出以来,经过一次次的改进,功能不断增强,操作不断简化方便。随着其软件功能的不断完善和改进,在机械、建筑和电子等工程设计领域得到越来越广泛的应用,是目前计算机CAD系统中,使用最广和最为普及的集二维绘图、三维实体造型、关联数据库管理和互联网通信于一体的通用图形设计软件。很多专业应用软件均基于CAD的平台,T20(天正建筑)就是其中一款优秀的专业建筑制图软件。

第一节　操 作 界 面

启动AutoCAD2020中文版软件后的开始界面如图3-1所示。在该界面中单击"开始绘制"链接或单击"开始"选项卡右方单击"新图形"按钮,将进入AutoCAD2020的默认操作界面,并新建一个名为Drawing1.dwg的图形文件,如图3-2所示。

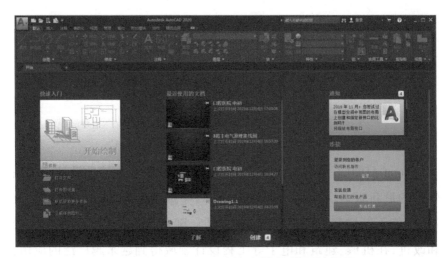

图3-1　AutoCAD2020中文版软件的开始界面

图3-2　默认操作界面

为满足不同绘图者的需要,AutoCAD2020提供了"草图与注释""三维基础"和"三维建模"3种操作界面模式,绘图者可以根据需要选择不同的操作界面模式。默认情况下使用"草图与注释"界面,其界面如图3-2所示。

"草图与注释"模式:默认状态下的模式。该操作界面的功能区提供了大量的绘图、修改、图层、注释以及块等工具。

"三维基础"模式:在该操作界面模式中可以方便地绘制基础三维

图形,并且可以通过其中的"修改"面板对图形进行快速修改。

"三维建模"模式:在该操作界面模式的功能区提供了大量的三维建模和编辑工具,可以方便地绘制出更多的复杂三维图形,也可以对三维图形进行修改、编辑等操作。

以上三种操作界面模式是可以进行切换的,具体的切换方法是:单击操作界面右下方"切换工作空间"按钮旁边的下拉三角符号,在弹出的"工作空间"下拉列表中选择需要的工作空间即可进行切换。

一、AutoCAD2020 显示设置的修改

第一次启动 AutoCAD2020 应用程序后,将进入 AutoCAD2020 默认的"草图与注释"操作界面,如果要对系统默认设置进行修改,可以单击屏幕左下角的"自定义"图标,在弹出的命令栏中选择"选项…"命令。如图3-3所示。

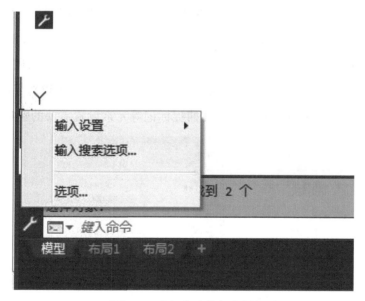

图3-3 "自定义"命令栏

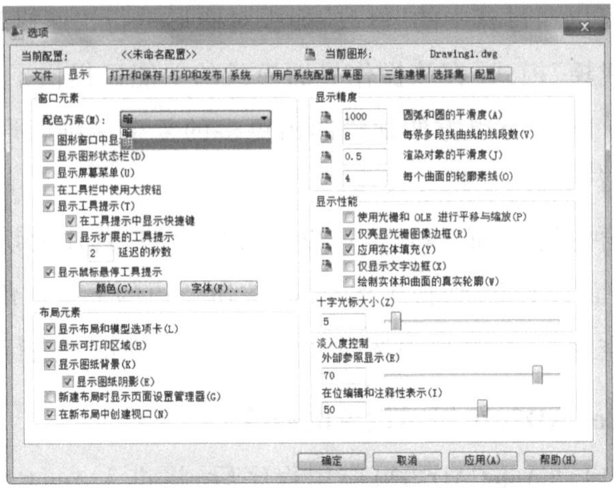

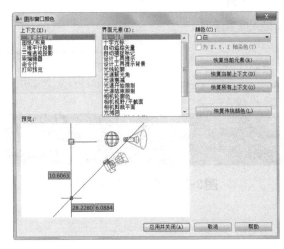

图3-4 【选项】对话框

选择"选项…"命令后,会弹出【选项】对话框,如图3-4所示。其上有多个选项卡,选择"显示"选项卡,首先,对"窗口元素"区域内的"配色方案"可由系统默认的"暗",改为"明"。其次,单击"颜色"按钮,打开如图3-5所示的【图形窗口颜色】对话框。在该对话框中,单击"颜色"下拉列表,在其中选择白色,然后单击"应用并关闭"按钮,则操作界面变为图3-6所示。除设置背景颜色和线条颜色外,还可以对界面元素框中列出的光标、自动追踪、自动捕捉标记等元素设置需要的颜色。

图3-5 【图形窗口颜色】对话框

注意:在本书以后的讲解中,都是在图3-6的界面颜色下进行的。

| 状态行 | 命令行 | 快速访问工具栏 | 菜单栏 | 功能区 |

| 绘图区 | | 标题栏 | | 十字光标 |

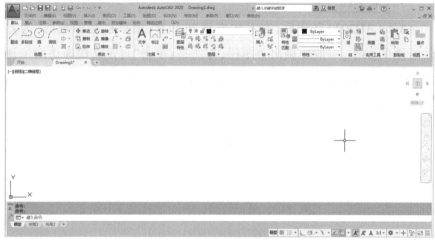

图3-6　AutoCAD2020默认操作界面

AutoCAD2020默认的"草图与注释"操作界面主要由标题栏、自定义快速访问工具栏、功能区、绘图区、十字光标、菜单栏、命令行和状态行这8个主要部分组成,如图3-6所示。

二、标题栏

标题栏位于整个程序窗口上方,主要用于说明当前程序和图形文件的状态,主要包括以下内容。

程序图标、"自定义快速访问"工具栏、程序名称、图形文件名称等,如图3-7所示。

| 图形文件名 | 程序名 | 快速访问工具栏 | 程序图标 |

图3-7　标题栏

程序图标:标题栏最左侧是程序图标。单击该图标,可以展开AutoCAD2020用于管理图形文件的各种命令,如新建、打开、保存、打印和输出等。

"快速访问"工具栏:用于存储经常访问的命令。

三、菜单栏

AutoCAD2020启动后,在系统默认状态下,菜单栏是隐藏的,为方便绘图的操作,一般要调出菜单栏,方法是:单击"自定义快速访问工具栏"左右侧的按钮,在出现的列表中选中"显示菜单栏"选项,如图3-8所示。

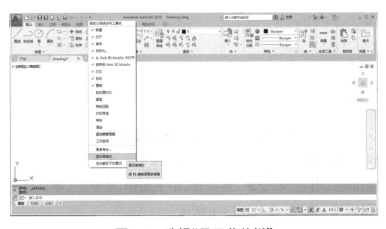

图3-8　选择"显示菜单栏"

选择显示工具栏选项后,窗口界面的显示会增加菜单栏的显示,如图3-9所示。菜单栏采用的是下拉式菜单,有该菜单的所有操作命令,这种操作风格与AutoCAD以前版本中的经典绘图界面是一致的。

注意:在本书以后的讲解中,都是在界面显示菜单栏的状态下进行的。

菜单栏

图3-9　有菜单栏的操作界面

四、绘图区

绘图区是用户绘制图形的区域,位于屏幕中央空白区域,也被称为视图窗口。绘图区是一个无限延伸的空白区域,无论多大的图形,用户都可以在其中进行绘制。

五、命令行

命令行位于屏幕下方,主要用于输入命令以及显示正在执行的命令和相关信息。执行命令时,在命令行中输入相应操作的命令,按 Enter 键或空格键后系统将执行该命令。在输入命令后,应注意这个区域的提示信息,并根据提示信息进行正确的操作。

六、十字光标

在绘图窗口的光标显示为十字光标,用于绘制图形或修改对象,十字线的交点为光标的当前位置。当光标移出绘图区指向工具条、下拉菜单等项时,光标显示为箭头形式。

七、状态行

状态行位于 AutoCAD2020 窗口下方。状态栏左边是"模型"和"布局"选项卡;右边包括多个经常使用的辅助绘图工具的图标开关,单击图标,图标的颜色会发生改变,亮色显示表示打开,灰色显示表示关闭。

八、功能区

功能区位于标题栏的下方,功能区内显示了不同面板选项所具有的具体功能和操作图标命令。

在"草图与注释"操作界面下,系统"默认"选项卡的功能区内显示有每个面板的名称及常用的命令图标按钮,每一个图标按钮形象化地表示了一条 AutoCAD 命令:单击某一个图标按钮,即可调用相应的命令。"默认"菜单选项卡的功能区如图3-10所示。

图3-10 "默认"选项卡功能区

每个面板显示了该功能区常用的命令,如"绘图"面板中,有"直线""多段线""圆"和"圆弧"等7个绘图命令。命令图标带有小三角标志的,就表示还有进一步的可选择操作命令。如图3-11所示,在"圆"命令中,下拉菜单提供了多种画圆的命令。

每个面板还有部分没显示的命令,单击面板名旁边的小三角时,就会显示该面板其余的命令图标。如图3-12所示为"绘图"面板的全部命令[①]。

图3-11 画圆的下拉菜单

---

①郑义模.AutoCAD[M].南昌:江西高校出版社,2014.

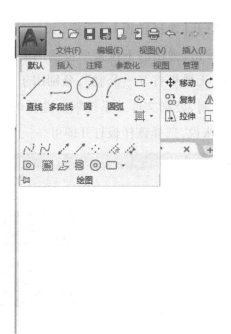

图3-12 "绘图"面板的全部命令

第二节 文 件 管 理

AutoCAD2020提供了一系列图形文件管理的命令,包括新建文件、打开已有文件、保存文件和删除文件等。

一、新建文件

(一)命令执行形式

菜单栏:"文件"→"新建"

功能区:单击快捷访问工具栏中"新建"图标

命令行:NEW

(二)操作步骤

命令:NEW

执行命令后,打开【选择样板】对话框,如图3-13所示。单击"打开"按钮后的三角按钮,弹出的下拉菜单包括三个选项:"打开""无样板打开—英制"和"无样板打开—公制",分别用于创建基于样板的新文件和无样板的英制、公制文件。系统默认选择的模板文为"acadiso.dwt"对于建筑制图来说,选择该样板打开即可[①]。

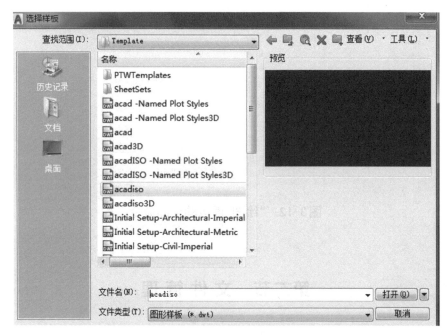

图3-13 【选择样板】对话框

二、打开已有文件

(一)命令执行形式

菜单栏:"文件"→"打开"

功能区:单击快捷访问工具栏中"打开"图标

命令行:OPEN

(二)操作步骤

命令:OPEN

---

①胡凯.AutoCAD基础教程第2版[M].重庆:重庆大学出版社,2019.

执行命令后,打开【选择文件】对话框,如图3-14所示。可以利用该对话框进行浏览、搜索,打开所需要的文件。

图3-14 【选择文件】对话框

在"文件类型"列表框中可以选择.dwg文件、.dwt文件、.dxf文件和.dws文件。.dxf文件是用文本形式存储的图形文件,能够被其他程序读取。

三、保存文件

(一)命令执行形式

菜单栏:"文件"→"保存"

功能区:单击快捷访问工具栏中"保存"图标

命令行:SAVE

(二)操作步骤

命令:SAVE

执行命令后,如果文件已有文件名,则系统自动按原文件名所在的存放位置进行存盘保存;如果文件还没有文件名,系统会弹出如图3-15所示的【图形另存为】对话框,可以按自己的需要对文件进行命名,设置文件的存放位置、格式并进行保存。

为了使保存的文件与以前版本的 AutoCAD 软件保持兼容,Auto-CAD2020 设计有向前兼容的特点,即在保存文件时,可以选择保存文件的版本类型,如 AutoCAD2010,或 AutoCAD2014 等,如图3-16所示,这样就保证用 AutoCAD2020 绘制的图纸,用以前版本的 AutoCAD 软件也可以打开。

图3-15 【图形另存为】对话框

图3-16　文件类型选择下拉列表

第三节　输 入 操 作

一、命令输入方式

当命令提示区出现"命令"时,表明 AutoCAD 已处于等待接受命令状态,AutoCAD 可采用一些基本的输入方法,这些方法是进行绘图的必备知识。

(一)在命令行窗口输入命令名

在命令行窗口出现命令提示符"命令:"时,将命令直接从键盘输入,然后按回车键或空格键即可执行该命令。在用键盘输入命令时,不区分字母的大、小写。例如,要输入绘制圆弧的命令,可从键盘输入:ARC然后按回车键或空格键,命令行窗口提示如下。

命令：ARC

指定圆弧的起点或[圆心（C）]。

在一般情况下，很多AutoCAD命令在执行时都有多个选项供选择，如本例绘制"圆弧"的命令，就有指定起点画圆弧或指定圆心方式画圆弧，要根据具体情况进行选择。命令提示行中，括号外的方式为执行该命令的默认方式，括号内的方式为可选择的方式，若想选择其中的某一方式，则需首先输入该选项后圆括号内的字符，如选择通过"圆心"方法画圆弧时，应该用键盘输入"C"，然后按系统提示进行后续的操作。在命令选项的后面还带有尖括号的，尖括号内的数字为默认数值[1]。

（二）在菜单栏内选取相应的命令选项

选择后，在命令行窗口可以看到对应的命令名和操作流程。

（三）在功能区选取相应的命令选项

选择后，在命令行窗口可以看到对应的命令名和操作流程。

（四）在命令行打开右键快捷菜单

在命令行打开右键快捷菜单，在"近期使用的命令"子菜单中选择需要的命令。"近期使用的命令"子菜单中存储了最近使用的6个命令。

（五）在绘图区打开鼠标右键

在绘图区单击鼠标右键，可重复执行刚刚使用的命令，这种方法适用于重复执行某个命令。这种方法还可以打开"最近输入的命令"子菜单，在其中选择最近输入的命令，包含的命令比第4种方法中包含的命令多。

二、点的输入方式

在绘图过程中，需要输入大量的点，如圆的圆心、直线的起点及终

---

[1]张秀魁,任志伟,王学广. AutoCAD2016工程制图[M]. 北京:北京理工大学出版社,2018.

点、矩形的角点等等。在 AutoCAD2020 中,常用的点输入方式有下列几种。

(一)移动光标选点

在绘图过程中,用光标的方式来确定点的位置,在确定了点的位置后单击左键确定。这是在绘图中最常用的方法。

(二)目标捕捉选点

在使用 AutoCAD 状态栏中"对象捕捉"功能的情况下,可以方便且精确地捕捉到"切点""交点"和"圆心"等特殊点。

(三)输入点的坐标

在 AutoCAD 中,点的坐标可以用直角坐标、极坐标、球面坐标和柱面坐标表示,每一种坐标系又可以用两种方法输入:绝对坐标和相对坐标(绝对坐标是指:该点在坐标系中相对于坐标原点的坐标值。相对坐标是指:该点相对于前一个点的坐标值)。其中直角坐标和极坐标最常用。

1.直角坐标

用输入点的 X,Y 坐标值的方式来确定点的位置。例如,输入"500,300",此为绝对坐标方式,表示该点的坐标相对于坐标原点的坐标值,如图 3-17(a)所示。如果输入"@150,300"则为相对坐标方式,表示该点的坐标是相对于前一点的坐标值,如图 3-17(b)所示。

2.极坐标

用长度和角度来表示一个点的坐标,只能用来输入二维平面点的坐标。绝对坐标方式为"长度<角度",其中,"长度"是该点到坐标原点的距离,"角度"为点至原点的连线与 X 轴正向的夹角,如图 3-17(c)所示。

相对坐标方式为"@长度<角度",例如,"@550<50",其长度是相对于前一点的距离,"角度"为该点至前一点的连线与 X 轴正向的夹角,如图 3-17(d)所示。

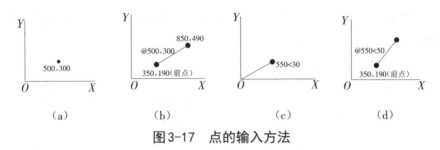

图3-17　点的输入方法

三、正交模式

在绘图过程中,经常要绘制水平线或垂直线。如果采用鼠标作为定位工具,往往是很困难的,常常出现画的时候感觉是水平或垂直的,但将图形放大后,才发现并不水平或垂直。用 AutoCAD 的正交模式可以很好地解决这个问题,在正交模式下,所画的直线将全部是水平线或垂直线。但在正交模式打开的情况下,如果用输入点坐标的方法来绘制直线,则可以绘制任意方向的直线,不受正交模式的影响。

此外,在正交模式打开的情况下,绘制直线时,移动十字光标选择好绘图方向后,直接输入长度值就可以绘制出水平或垂直方向的直线段,而不需要输入直线的坐标值,提高绘图效率。

命令执行形式

功能区:用鼠标左键单击状态行内的"正交模式"按钮

命令行:ORTHO

键盘快捷键:F8

第四节　目标捕捉

目标捕捉是指在运行某一绘图命令需要输入一点时,调用目标捕捉命令,系统会自动找到图形上的特殊类的点,如端点、中点、圆心、垂足等作为输入点,代替手工输入。

对象捕捉功能不能单独使用,在打开对象捕捉功能的情况下,只有在执行相关绘图命令时才起作用。

一、自动对象捕捉模式

这种捕捉模式能自动捕捉到预先设定的特殊点,它是一种长期、多效的捕捉模式是在绘图过程常用的一种方式。

命令执行形式:

功能区:用鼠标左键单击状态行的"对象捕捉"按钮

命令行:OSNAP

自动对象捕捉方式的设置:由于对象捕捉的方式很多,一般在使用该功能前,需要进行必要的设置。进行对象捕捉设置常用的方法是将鼠标移到状态行的"对象捕捉"按钮上,单击鼠标右键或"对象捕捉"图标旁的小三角,会弹出快捷菜单,如图3-18所示,有对号的图标表示当前已经激活的捕捉方式,用鼠标单击图标可改变捕捉方式的开闭状态。选择"对象捕捉设置"后,在出现的【草图设置】对话框内的"对象捕捉"选项卡中对捕捉的功能进行设置,如图3-19所示。

该选项卡的选项功能如下:①"启用对象捕捉"与"启动对象捕捉追踪"复选框:用于控制是否打开对象捕捉功能和对象追踪功能。②"对象捕捉"选项组:在对象捕捉的选项组内,每种捕捉模式名称前的几何图形代表在捕捉到该名称所表示的对象特征点时,在该特征点处屏幕上所显示的几何图形标记。

每种捕捉模式的含义如下。

端点：捕捉直线段或圆弧的端点。

中点：捕捉直线段或圆弧的中点。

圆心⊙:捕捉圆或圆弧的圆心,在执行绘图命令时,将鼠标光标放到圆周上,即可捕捉圆心。

几何中心▣:捕捉几何图形的中心点。

节点 ▫:捕捉到点对象、标注定义点、标注文字起点或外观交点。

象限点⊕:捕捉圆、圆弧或椭圆上距离光标最近的象限点。

交点╳:捕捉到圆弧、圆、椭圆、椭圆弧、直线、多线、多段线、射线、面域、样条曲线或参照线的交点。

范围(延长线)⋯:当光标经过对象的端点时,显示临时延长线或圆弧,以便在延长线或圆弧上指定点。

插入点⬓:捕捉图形中,插入的图块、文本等的插入点。

垂足⊥:捕捉两线段的垂足。

切点⊙:捕捉圆弧、圆、椭圆、椭圆弧或样条曲线的切点。

最近点⋏:捕捉对象离光标的最近点。

外观交点╳:捕捉到不在同一平面但是可能看起来在当前视图中相交的两个对象的外观交点。

平行∥:捕捉图形对象的平行线。

此外,还用一种捕捉形式:"捕捉自"也叫"From"捕捉。这种捕捉形式是当执行某一命令需要输入一点时,在命令行输入From后,由用户给定一点作为基准点,然后再输入"要输入点"与基准点之间的相对坐标差,就输入了要输入的点。①

图3-18 "对象捕捉"快捷菜单

---

①黄文.AutoCAD实训教程[M].成都:西南交通大学出版社,2018.

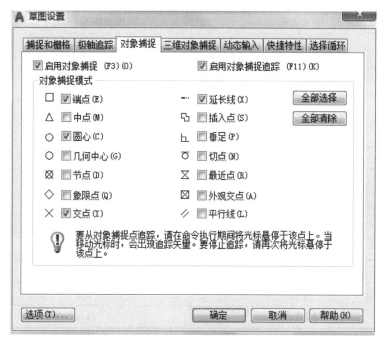

图3-19 【草图设置】对话框

二、单一对象捕捉模式

这种捕捉模式是指在选择了某种对象捕捉模式后,仅对一次绘图操作命令有效,而且只能选择一种捕捉模式,这时设置的自动捕捉模式将暂时不起作用,所以也称为临时对象捕捉功能。

激活单一对象捕捉功能的方式:在绘图命令要求输入点时,同时按住Shift(或Ctrl)键和鼠标右键,即可打开"对象捕捉"光标菜单,如图3-19所示该菜单包括了所有的对象捕捉模式,选择所需的模式,即可执行相应的对象捕捉功能;还可以在命令行窗口输入相应捕捉模型的前三个字母,常用的对象捕捉命令如表3-1所示。

表3-1 常用的对象捕捉命令表达方式

中文名称	英文拼写(简写)
端点	End
中点	Mid

续 表

中文名称	英文拼写（简写）
圆心	Cen
几何中心	
节点	Nod
象限点	Qua
交点	Int
范围（延长线）	Ext
插入点	Ins
垂足	Per
切点	Tan
最近点	Nea
外观交点	Appint
平行	Par
捕捉自	From

第五节 图层管理

一、图层的概念和作用

AutoCAD 中的图层相当于手工绘图时的图纸，但与手工绘图的图纸又有较大的不同。在一般手工绘图中，只有一张图纸，因而图层也只有一层。但在使用 AutoCAD 软件进行计算机绘图时，软件设计了图层的功能。所谓图层，也就是把手工绘图时的一张图纸分成若干层，每个图层就相当于一张没有厚度的透明纸，每个图层具有相同的坐标系，每一图层可以设置线型、颜色及线宽。因为按照国家标准"建筑制图"的规定，在建筑制图中需要采用不同的线型（如粗实线、细实线、虚线、点画线等）来表示和区分不同的图形对象，因此，根据图层的概念，我们在绘图时就可以将具有不同的线型或线宽的图形放在不同的图层上,并且还可以设置不同的颜色加以区分,然后将所有图层重叠在一起就构成一张完整的图纸。

通过建立图层,我们在绘制哪一种图线,就把该层设为当前层。对某个图层的图形对象进行编辑和修改,如修改线型和线宽,不会影响其他层。另外,为了便于绘图显示,还可以任意打开或关闭,冻结或解冻以及锁定或解锁某些图层,以方便地看某一层或某几层,提高工作效率[①]。

二、图层的特性

为了便于图层的管理和调用,AutoCAD2020 给图层设置了如下特性。

名称——每一个图层对应一个名称,系统默认设置的图层为 0 (零)层。0层的设置可以更改,但不能被删除。其他图层可根据绘图需要进行创建和命名,一般可以采用与图中内容相应的描述名字,如"轴线""墙体"等便于识别的名称,图层的数量不受限制。

颜色——每一个图层对应一个颜色,系统默认设置的颜色为白色,可以按绘图需要进行设置和修改。

线型——每一个图层对应一个线型,系统默认设置的颜色为连续线(continuous),可以按绘图需要进行设置和修改。

线宽——每一个图层对应一个线宽,系统采用"默认"线宽,可以按绘图需要进行设置和修改。

此外,当前绘图使用的图层称为当前层,当前层有且只能有一个。当前层可以按绘图需要,在所设置的图层中进行切换。

三、设置图层

用设置图层的命令可以创建新图层并设置图层所需要的线型、颜色和线宽,还可以用来管理图层,即可以改变已有图层的线型、颜色、线宽、开关状态、控制显示图层、删除图层及设置当前层等。在 Auto-

---

①朱冰.AutoCAD入门基础教程[M].石家庄:河北美术出版社,2017.

CAD2020中,图层的设置与管理的功能在"默认"选项卡的"图层"和
"特性"面板中。

命令执行形式:

菜单栏:"格式"→"图层"

功能区:单击"默认"选项卡中"图层"面板上的"图层特性"按钮

命令行:LAYER

执行命令后,弹出【图层特性管理器】对话框,如图3-20所示。对
话框中间的图层列表中列出了图层名和图层的特性。

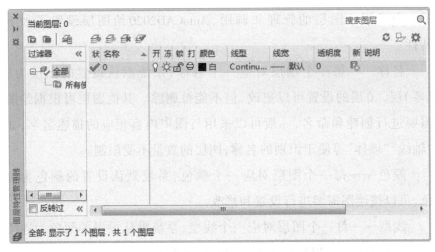

图3-20 【图层特性管理器】对话框

该对话框中右边的各选项功能如下。

"新建图层"按钮:创建一个新的图层,新图层的默认名为"图层
n",可以立即修改新建的缺省图层的名称。

"删除图层"按钮:用于删除选定的图层。

"置为当前"按钮:用于将所选图层设置为当前图层。

在图层的属性设置中,包括"状态""名称""开""冻结""锁定""颜
色""线型""线宽"和"打印"9个参数,如图3-20所示。下面将分别讲
述各参数的含义和设置方法。

"状态":图层的状态,一个图层的状态只有两种:当前层和非当前

层。在所有的图层中,只能有一个图层处于当前层的状态,在选择图层后,单击当前层按钮图,就将该层设置为当前层。

"名称":图层名称。

"开":用黄色的灯泡图标表示图层的"打开/关闭"状态。单击此图标可以在"打开/关闭"之间进行切换,所谓"打开"状态,是将图层上的图形显示在屏幕上,并且可以编辑和输出,而"关闭"状态则相反。

"冻结":用太阳或雪花图标表示图层的"解冻/冻结"状态。单击此图标,可以在两个状态之间进行切换。所谓"冻结"状态,是将图层上的图形在屏幕上不显示,并且当计算机重新生成图形时,它对冻结层不作处理,而"解冻"状态则相反。

"锁定":用锁形图标表示图形的"锁定/解锁"状态。锁定图层内容的可以看见和输出,但不能编辑修改。

"颜色":用一个颜色色块表述,单击该色块,打开【选择颜色】对话框,如图3-21所示,可以选择设置图层的颜色,这种颜色将用于画该层上的全部图形。

图3-21 【选择颜色】对话框

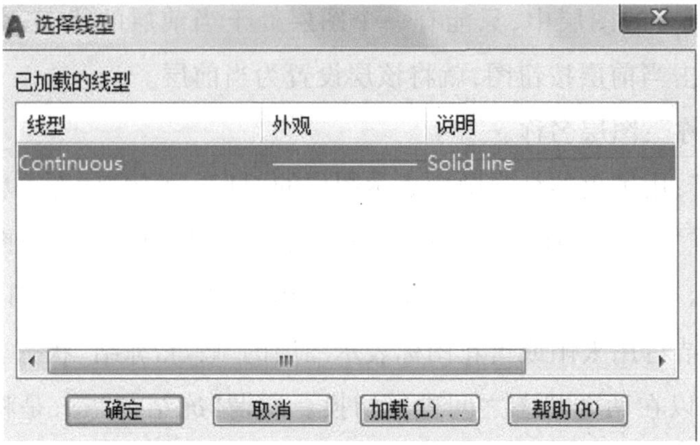

图3-22 【选择线型】对话框

　　"线型"：为某层指定图线类型。这种线型将用于画该层上的全部图形。单击"线型"可弹出【选择线型】对话框，如图3-22所示，在该对话框的列表中单击所需的已加载的线型。

　　"线宽"：绘制的线型的宽度，单位为mm，各种线型线宽的比例应符合国家标准的要求。如要设置或改变线宽，单击线宽图标，会弹出如图3-23所示【线宽】对话框。在该对话框内可选择所需的线宽。

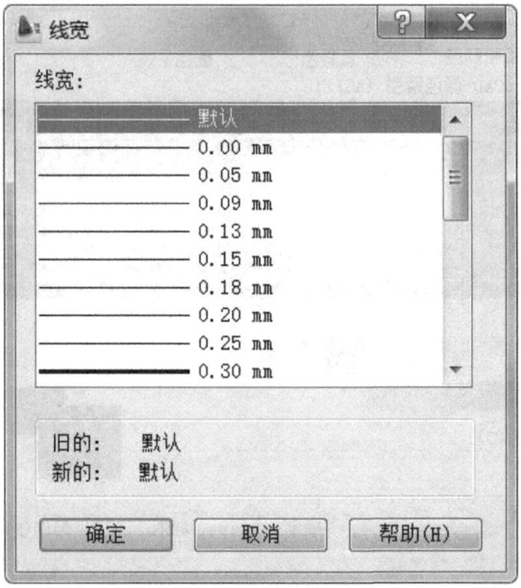

图3-23 【线宽】对话框

"打印"：用打印机图标表示该图层是否被打印。单击打印机图标，可在被打印和不被打印之间切换。

四、用"图层"和"特性"工具栏设置图层

除了采用图层管理器设置图层外，还可以用功能区"默认"选项卡提供的"图层"面板和"特性"面板设置图层。"图层"面板如图3-24所示。该面板反映了当前图层的状态，可以对图层的设置和状态进行操作。

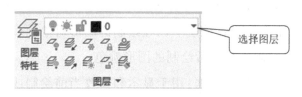

图3-24　图层面板

"图层"面板各选项的含义如下。

"选择图层"下拉列表框：单击右边的下拉符号，将出现显示所有图层状态的下拉列表，在列表中可以进行当前图层的切换，还可以对图层的状态进行改变。

"图层状态管理"：选择图形对象，然后单击其中的某一图标，根据选定的图形对象的所在图层对该涂层或其他图层进行图层特性的改变。

"特性"面板主要是对图层的颜色、线型、线宽等特性进行设置和管理，如图3-25所示。

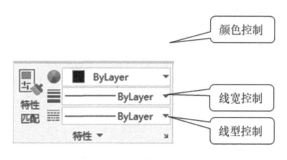

图3-25　特性面板

"图层"面板各选项的含义如下。

"颜色控制"下拉列表框:用于显示和修改当前绘制或要修改的图形的颜色,单击右边的下拉符号,下拉列表中列出"随层(ByLayer)""随块"(ByBlock)和标准颜色。"随层"表示图形对象使用所在层的颜色;"随块"表示定义到图块中的图形对象在插入到当前图形中时,仍保持在块中的颜色设置。如果选择"更多颜色"选项,则会打开如图3-21所示的【选择颜色】对话框,进行修改和重新设置颜色。

注意:"颜色控制"下拉列表框的功能,并不会改变所在层原来设置的颜色,也不会改变在该层上已经绘制的图形对象的颜色。只会改变正在该层上绘制的和以后绘制的图形颜色。

"线型控制"下拉列表框:用于显示和修改当前绘制或要修改的图形的线型,单击右边的下拉符号,下拉列表中列出"随层(ByLayer)""随块(ByBlock)""当前已加载线型"和"其他"。"随层""随块"意义同前,如选择"其他",会打开如图3-26所示的【线型管理器】对话框,可以在其中选择和设置线型。

"线宽控制"下拉列表框:用于显示和修改当前绘制或要修改的图形的线型,单击右边的下拉符号,下拉列表中列出"随层(ByLayer)"、随块(ByBlock)""当前已有的线宽"和"线宽设置"。如选择"线宽设置",会打开【线宽设置】对话框,该对话框的使用方法与图3-27所示的【线宽】对话框类似。

"特性匹配":该功能可以将源对象的颜色、图层、线型、线宽、文字样式、标注样式、剖面线样式等特性复制给其他的图形对象,是一个使用方便快捷的工具。

图3-26 【线型管理器】对话框

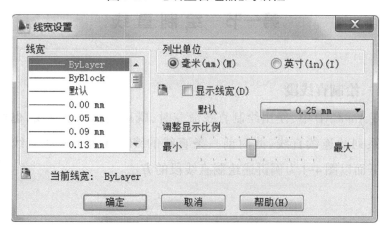

图3-27 【线宽设置】对话框

第四章　AutoCAD2020的绘图命令

AutoCAD提供了很多绘图命令,熟练地掌握和运用这些绘图命令,可以方便地绘出设计所需的图形对象,这是运用AutoCAD软件进行设计绘图的基础。

第一节　绘 制 直 线

一、绘制直线段

在 AutoCAD 中,使用绘制直线命令时,既可绘制单条直线,也可绘制一系列的连续直线,此时前一条直线的终点作为下一条直线的起点。下面以图4-1为例讲述绘制直线段的方法。

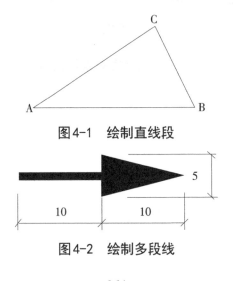

图4-1　绘制直线段

图4-2　绘制多段线

(一)命令执行形式

菜单栏:"绘图"→"直线"

功能区:单击"默认"选项卡中"绘图"面板上的"直线"按钮

命令行:LINE(或 L)

(二)操作步骤

命令:L

指定第一点:200,200(A 点)

指定下一点或[放弃(U)]:@400,0(B 点)

指定下一点或[放弃(U)]:@-100,200(C 点)

指定下一点或[闭合(C)/放弃(U)]:C

绘制结果如图 4-1 所示。

(三)选项说明

"闭合(C)":在当前点和起点间绘制直线,使线段闭合,结束命令。

"放弃(U)":放弃前一段的绘制,重新确定点的位置,继续绘制直线。

若设置正交方式,则只能绘制水平或垂直直线段。

二、绘制多段线

多段线命令用于绘制连续的多个线段。多个线段可以是直线段、圆弧线段等。由于多段线可以设置线段起点和终点的宽度,所以可以用于绘制等宽度的粗实线,也可用于绘制箭头或类似的变宽度线段。用一个多段线命令绘制的多段线图形是一个整体。下面以图 4-2 为例讲述绘制多段线的方法。[①]

(一)命令执行形式

菜单栏:"绘图"→"多段线"

功能区:单击"默认"选项卡中"绘图"面板上的"多段线"按钮

命令行:PLINE(或 PL)

①王水林.AutoCAD案例实战教程[M].徐州:中国矿业大学出版社,2017.

(二)操作步骤

命令：PL

当前线宽为0.0000

指定起点：用光标在绘图区指定一点

指定下一个点或[圆弧(A)/半宽(H)/长度(L)/放弃(U)/宽度(W)]：W

指定起点宽度<1.0000>：1

指定端点宽度<1.0000>：1

指定下一个点或[圆弧(A)/半宽(H)/长度(L)/放弃(U)/宽度(W)]：L

指定直线的长度：@7,0

指定下一点或[圆弧(A)/闭合(C)/半宽(H)/长度(L)/放弃(U)/宽度(W)]：W

指定起点宽度<1.0000>：5

指定端点宽度<5.0000>：5

指定下一点或[圆弧(A)/闭合(C)/半宽(H)/长度(L)/放弃(U)/宽度(W)]：L

指定直线的长度：@7,0

指定下一个点或[圆弧(A)/半宽(H)/长度(L)/放弃(U)/宽度(W)]：

绘制结果如图4-2所示。

(三)选项说明

"圆弧(A)"：用于绘制圆弧，当选择该选项后，系统会出现如下新的提示。

指定圆弧的端点或[角度(A)/圆心(CE)/闭合(CL)/方向(D)/半宽(H)/直线(L)/半径(R)/第二个点(S)/放弃(U)/宽度(W)]：

"半宽(H)"和"宽度"：是设定多段线的一半线宽和整个线宽的

选项。

"长度(L)":给定绘制直线的长度。

"放弃(U)":放弃前一次操作,继续绘制多段线。

三、绘制多线

多线命令用于一次绘制两条平行线,在建筑施工图中一般可用来绘制墙体。下面以图4-3为例讲述绘制多段线的方法。

(一)命令执行形式

菜单栏:"绘图"→"多线"

命令行:MLINE

(二)操作步骤

命令:MLINE

当前设置:对正=上,比例=20.00,样式=STANDARD

指定起点或[对正(J)/比例(S)/样式(ST)]:给定多线起点

指定下一点:给出下一点

指定下一点或[放弃(U)]:

指定下一点或[闭合(C)/放弃(U)]:C

(三)选项说明

"对正(J)":给定绘制多线的基准。选择该选项,命令行进一步出现提示。

输入对正类型[上(T)/无(Z)/下(B)]:其中:"L"是以多线的上侧线为基准,依次类推。

"比例(S)":两平行线之间的距离。可修改数值以符合墙宽要求。

"样式(ST)":设置当前使用的多线样式。输入命令"MLSTYLE",打开【多线样式】对话框,如图4-4所示。在该对话框内可以对多线样式进行定义、保存和加载等操作。

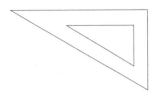

图4-3 绘制多线

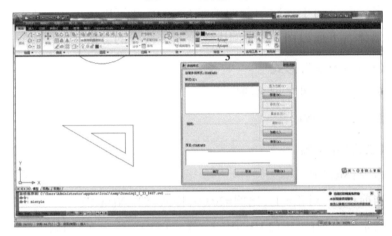

图4-4 【多线样式】对话框

第二节 绘制多边形

一、绘制多边形

AutoCAD 中的多边形是采用圆内接或圆外切的方法绘制正多边形的,下面以图4-5为例讲述绘制多边形的方法。

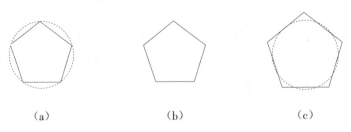

(a) (b) (c)

图4-5 绘制正多边形

（一）命令执行形式

菜单栏："绘图"→"多边形"

功能区：单击"默认"选项卡中"绘图"面板上的"矩形"→"多边形"按钮

命令行：POLYGON（或 POL）

（二）操作步骤

命令：POL

输入侧边数<4>：5

指定正多边形的中心点或[边（E）]：通过"目标捕捉"捕捉圆的圆心点

输入选项[内接于圆（I）/外切于圆（C）]<I>：I

指定圆的半径：输入圆的半径100

绘制结果如图4-5（a）所示。

（三）选项说明

"边（E）"：给定正多边形一条边的两个端点，按逆时针方向创建给定边数的正多边形。在选择该选项后，命令行窗口提示如下。

指定边的第一个端点：给定边的第一个端点

指定边的第二个端点：给定边的第二个端点、在给定一条边的两个端点后，可画出所需的正多边形。

绘制结果如图4-5（b）所示。

"外切于圆（C）"：绘制外切于圆的正多边形。选择该选项后，命令行窗口提示如下。

指定圆的半径：给定圆的半径值

在给定圆的半径后，所画外切于圆正多边形如图4-5（c）所示。

在画内接或外切正多边形时，通过拖动鼠标给出圆半径数值时，则可以改变正多边形的摆放位置。用正多边形命令绘制的多边形是一个整体图形。①

二、绘制矩形

AutoCAD 中的矩形是用给定矩形的两个对角点来绘制的,通过选项还可以绘制有倒角或圆角的矩形,下面以图4-6为例讲述绘制矩形的方法。

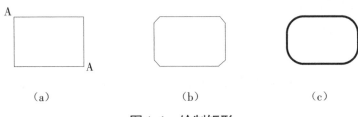

| (a) | (b) | (c) |

图4-6　绘制矩形

(一)命令执行形式

菜单栏:"绘图"→"矩形"

功能区:单击"默认"选项卡中"绘图"面板上的"矩形"按钮

命令行:RECTANG(或REC)

(二)操作步骤

命令:REC

指定第一个角点或[倒角(C)/标高(E)/圆角(F)/厚度(T)/宽度(W)]:给定一个角点

指定另一个角点或[面积(A)/尺寸(D)/旋转(R)]:给定另一个角点

绘制结果如图4-6(a)所示。

(三)选项说明

"倒角(C)":绘制有倒角的矩形。选择该选项后,应按提示给定倒角的距离,如图4-6(b)所示。

"标高(E)":将矩形绘制在给定Z轴坐标,并与XOY平面平行的平

---

① 支剑锋.AutoCAD绘图教程[M].西安:西安电子科技大学出版社,2016.

面上。

"圆角(F)":绘制有圆角的矩形。选择该选项后,应按提示给定圆角的半径,如图4-6(c)所示。

"厚度(T)":设置所画矩形立方体的厚度,在三维造型设计时使用。

"宽度(W)":设定所画矩形的线宽,如图4-6(c)所示。

"尺寸(D)":使用长和宽创建矩形。

"面积(A)":通过指定面积和长或宽来创建矩形。选择该项后,命令行窗口提示如下。

输入以当前单位计算的矩形面积<100.000>:输入面积值

计算矩形标注时依据[长度(L)/宽度(W)]<长度>:回车或选W

输入矩形长度<10.000>:输入长度或宽度

给出长或宽后,系统自动计算出另一个维度后绘制出矩形。

"旋转(R)":旋转所绘制矩形的角度。选择该项后,命令行窗口提示如下。

指定旋转角度或[拾取点(P)]<135>:指定角度

指定另一个角点或[面积(A)/尺寸(D)/旋转(R)]:指定另一个角点或选择其他选项

指定旋转角度后,系统按指定旋转角度绘制出矩形。

第三节　绘 制 曲 线

一、绘制圆

AutoCAD 提供了六种画圆的方法,在绘图时应按具体的作图要求选择合适的方法画圆。下面以图4-7(a)为例讲述绘制圆的方法。

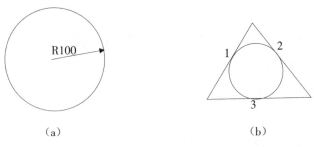

（a）　　　　　　　　　　　　　（b）

图4-7　绘制圆

（一）命令执行形式

菜单栏：“绘图”→“圆”

功能区：单击“默认”选项卡中“绘图”面板上的“圆”按钮

命令行：CIRCLE（或C）

（二）操作步骤

命令：C

circle 指定圆的圆心或[三点（3P）/两点（2P）/相切、相切、半径（T）]：在绘图区指定圆心

指定圆的半径或[直径（D）]：100

绘制结果如图4-7（a）所示。

（三）选项说明

“三点（3P）”：由给定圆上三点画圆。

“二点（2P）”：由给定圆直径的两个端点画圆。

“相切、相切、半径（T）”：选两个相切目标并给定圆的半径画圆。

在下拉菜单“绘图”→“圆”的选项中，还可选择“相切、相切、相切”的画圆方法，该选项是给定与圆相切的三个对象画圆。选择该方式时，命令行窗口提示如下。

circle 指定圆的圆心或[三点（3P）/两点（2P）/相切、相切、半径（T）]：_3p 指定圆上的第一点：_tan 到（指定与圆相切的1点）

指定对象与圆的第二个切点：_tan 到（指定与圆相切的2点）

指定对象与圆的第二个切点：_tan 到（指定与圆相切的3点）

绘制结果如图4-7(b)所示。[1]

二、绘制圆弧

对于圆弧的绘制,需要给定圆弧所在的圆心和半径以及圆弧的起始角和终止角,才能绘制出。此外,还要考虑圆弧的顺时针和逆时针特性,因此 AutoCAD 提供了11种绘制圆弧的方法。

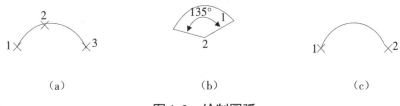

（a）　　　　　　　　（b）　　　　　　　　（c）

图4-8　绘制圆弧

(一)命令执行形式

菜单栏:"绘图"→"圆弧"

功能区:单击"默认"选项卡中"绘图"面板上的"圆弧"按钮

命令行:ARC(或A)

绘制圆弧的方法较多,但在绘图操作上是类似的,下面以几种常用的画圆弧方法为例,说明圆弧命令操作的过程。

(二)操作步骤

1.给定三点画弧

单击按钮后,命令行窗口提示如下。

命令:_arc指定圆弧的起点或[圆心(C)]:给定1点

指定圆弧的第二个点或[圆心(C)/端点(E)]:给定2点

指定圆弧的端点:给定3点

绘制结果如图4-8(a)所示。

2."起点、圆心、角度"画弧

单击按钮后,命令行窗口提示如下。

命令:_arc指定圆弧的起点或[圆心(C)]:给定1点

---

①傅桂兴,齐燕.AutoCAD绘图教程[M].北京:中央广播电视大学出版社,2016.

指定圆弧的第二点或[圆心(C)/端点(E)]_c端点指定圆弧的圆心:给定圆心2点

指定圆弧的端点(按住Ctrl键以切换方向)或[角度(A)/弦长(L)]:_a指定夹角(按住Ctrl键以切换方向):135

绘制结果如图4-8(b)所示。

注意:AutoCAD中,对角度的规定是逆时针为正,所以画圆弧等涉及角度方向的命令在执行时,总是按逆时针的方向进行的。

3."起点、端点、半径"画弧

单击按钮后,命令行窗口提示如下。

命令:_arc指定圆弧的起点或[圆心(C)]:给定1点

指定圆弧的端点:给定2点

指定圆弧的中心点(按住Ctrl键以切换方向)或[角度(A)/方向(D)/半径(R)]:_r指定圆弧的半径(按住Ctrl键以切换方向):70

绘制结果如图4-8(c)所示。

三、绘制椭圆和椭圆弧

AutoCAD提供了两种绘制椭圆的命令以及一种绘制椭圆弧的命令,下面以图4-9为例讲述绘制椭圆和椭圆弧的方法。

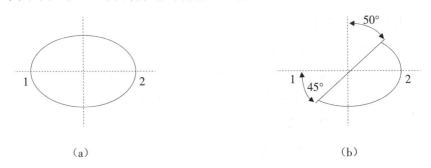

图4-9　绘制椭圆和椭圆弧

(一)命令执行形式

菜单栏:"绘图"→"椭圆"→"轴、端点"

功能区:单击"默认"选项卡中"绘图"面板上的"椭圆"按钮

命令行 : ELLIPSE (或 EL)

（二）操作步骤

命令 : EL

指定椭圆的轴端点或[圆弧（A）/中心点（C）]:给定 1 点

指定轴的另一个端点:给定 2 点

指定另一条半轴长度或[旋转（R）]:50

绘制结果如图 4-9（a）所示。

（三）选项说明

"圆弧（A）":画椭圆弧。在选择该选项后,命令行提示如下。

指定椭圆弧的轴端点或[中心点（C）]:给定 1 点

指定轴的另一个端点:给定 2 点

指定另一条半轴长度或[旋转（R）]:50

指定起始角度或[参数（P）]:45

指定端点角度或[参数（P）/夹角（I）]:220

绘图效果如图 4-9（b）所示。

注意:画椭圆圆弧时,圆弧角度的计量起点是从所画椭圆长轴的第一个端点起,按逆时针方向计量的。

"中心点（C）":先给定椭圆的中心位置,然后再给定椭圆长半轴和短半轴的长度。

"旋转（R）":先给定椭圆一个轴的两个端点,然后给定旋转角度。给定旋转角度也就是给定了椭圆长轴与短轴的比例,旋转角度越大,则长轴与短轴的比例也越大。如果转角为 0,则是一个圆。

四、绘制圆环

（一）命令执行形式

菜单栏:"绘图"→"圆环"

功能区:单击"默认"选项卡中"绘图"面板上的"圆环"按钮

命令行 : DONUT (或 DO)

(二)操作步骤

命令：DO

指定圆环的内径<10.0000>：50

指定圆环的外径<20.0000>：100

指定圆环的中心点或<退出>：

绘制结果如图4-10所示。

(三)选项说明

圆环内径为0时，将画出一个实心的圆，用FILL命令可以控制圆环是否为填充模式。

（a）填充　　　　　　　　　　　　　　（b）不填充

图4-10　绘制圆环

第四节　图案填充

AutoCAD提供的图案填充功能可以在选定的封闭图形区域内填充某一选定的图案，该功能在建筑设计绘图中的主要用途是对建筑详图的构件断面给出剖面符号。

命令执行形式如下。

菜单栏："绘图"→"图案填充"

功能区：单击"默认"选项卡中"绘图"面板上的"图案填充"按钮

命令行：BHATCH（或BH）

"图案填充"命令有三个选项，分别是"图案填充""渐变色"和"边界"。使用得最多的是"图案填充"。在选择"图案填充"命令后，系统会弹出【图案填充创建】对话框,如图4-11所示。

图4-11 【图案填充创建】对话框

一、"边界"选项卡

(一)"拾取点"按钮

该按钮是指在选取填充对象时,将绘图光标移动到准备填充的几何图形内进行点选。单击"拾取点"按钮后,将切换到绘图窗口,命令行提示"拾取内部点"点选后,系统自动搜索该点周围的封闭边界,然后将设置的填充图案在搜索到的封闭边界进行填充,如图4-12所示。

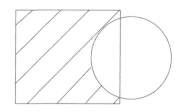

图4-12 "选择内部点"填充效果

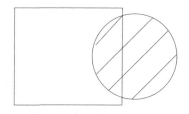

图4-13 "选择边界对象"填充效果

(二)"选择边界对象"按钮

该按钮是选择填充的图形边界来进行图案填充,该方法主要是应用在一些图形比较复杂情况下的图案填充。如图4-13所示为选择"圆"作为边界对象的填充效果。

(三)"删除边界"按钮

其功能是删除指定边界中的填充图案。

二、"图案"选项卡

"图案"面板内显示了几种常用的填充图案,单击"图案"面板右边的上下键,可以选择其他的填充图案。

三、"特性"选项卡

"特性"面板显示了当前填充图案的类型、图案填充颜色、图案填充的背景色、图案填充的透明度、角度、比例等特性。

在建筑设计的图案填充中,"图案填充颜色"一般按照系统默认选择"Bylayer"(随层)即可。

"角度"特性:设置填充图案旋转的角度。采用系统默认即可。

"比例"特性:确定填充的图案的疏密程度。比例值越大,则填充图案越疏,所以在填充时,当发现所填充的图案太密时,应将比例值设得大一些,反之将比例调小。

四、"图案填充原点"选项卡

"使用当前原点"按钮:系统默认使用当前UCS的原点(0,0)为图案填充原点。

"指定原点"按钮:系统提供了五种选择原点的方案,由绘图者指定图案填充的原点。

五、"选项"选项卡

"关联":在选择后,填充的图案会随着图形的边界变化而变化,如图4-14(a)所示。在没有选择"关联"按钮时,则与"关联"相反,在填充以后对图形边界修改时,填充的图案不随图形的边界变化而变化。其效果如图4-14(b)所示。

"特性匹配":单击该按钮,允许选择图中已有的填充图案作为当前的填充图案。

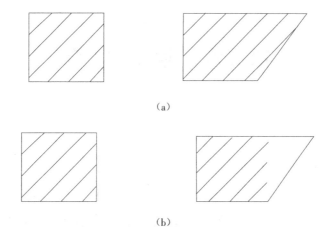

（a）

（b）

图4-14 "关联"选项的效果

六、图案填充操作步骤

下面以"拾取点"的方式为例,讲述进行图案填充绘制的一般操作步骤:①单击图案填充命令按钮。②系统会弹出如图4-11所示的"图案填充创建"对话框。③在"图案"选项卡中,选择填充图案;在"特性"选项卡中,对图案的角度、比例(或间距)进行设置;在"边界"选项卡中单击"拾取点"按钮,执行后,命令行出现提示:"选择内部点"。④在绘图区,用鼠标按操作要求选择要填充的几何图形,如果所选择的图案边界是封闭的,在选择的区域内将出现所设置的填充图案,图案填充可以连续执行。

注意:在进行图案填充时,所选择的填充图形边界必须是封闭的,如果图形边界不封闭,在AutoCAD2020中,会出现提示框,并将不封闭处用小圆圈标注出来,便于修改。

另外,如果填充的图案太密,连成一片,可将绘图光标移动到所填充的图案上,双击鼠标左键选中填充图案,在弹出的"图案填充编辑器"的"比例"选项中修改填充图案的比例值即可[①]。

---

①林强,董少峥,王海文.计算机绘图AutoCAD2014[M].武汉:华中科技大学出版社,2017.

第五章 编辑命令

图形绘制完成后,往往还需要进行大量的修改和编辑工作,以使其更加的合理或使其进一步形成复杂的图形。为完成上述工作,Auto-CAD提供了图形的修改和编辑命令。通过绘图命令与编辑命令的配合使用,可以提高绘图的效率,合理安排图形、保证绘图的准确性。

第一节 选择对象的方式

在 AutoCAD 中,对已绘制的图形进行编辑修改时,要选择准备编辑和修改的图形对象,因为操作时是以对象或选择集的方式进行的。所谓对象,是指某一个预先定义的、由命令得到的独立要素,例如点、直线、圆弧、圆、字符、尺寸等等。AutoCAD 提供的构成选择集的方式较多,如要了解所有的选择方式,可以在输入编辑命令后,命令行窗口首先会出现提示。

选择对象:

输入"?",按回车键后,会出现如下提示。

需要点或窗口(W)/上一个(L)/窗交(C)/框(BOX)/全部(ALL)/栏选(F)/圈围(WP)/圈交(CP)/编组(G)/添加(A)/删除(H)/多个(M)/前一个(P)/放弃(U)/自动(AU)/单个(S1)/子对象(SU)/对象(O)

上面常用的各选项的含义如下。[1]

---

①黄水生.AutoCAD基础与应用教程[M].广州:华南理工大学出版社,2015.

一、点选方式

该方式为一次只能选取一个对象。移动拾取框到准备选择的对象上,然后单击鼠标左键,若对象被选中,则对象将以虚线形式显示。

二、窗口方式(W)

该方式为用两个对角顶点确定的矩形窗口选取图形实体。只有被该矩形窗口完全包围的图形实体才被选择,没有被包围或只是部分被包围的图形的实体不被选择。矩形窗口的边线是实线,在指定对角顶点时,应注意按照从左向右的顺序,如图5-1所示。

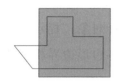   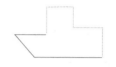

(a)图中深色覆盖部分为选择窗口   (b)图形选择后的结果

图5-1 "窗口"方式选择图形

三、窗交方式(C)

该方式与"窗口"方式类似,区别在于,被矩形窗口完全包围的图形被选中,同时与矩形窗口边界相交的图形也被选择;矩形窗口的边线是虚线;指定对角顶点时,顺序为从右向左的,如图5-2所示。

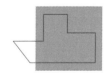   

(a)图中深色覆盖部分为选择窗口   (b)图形选择后的结果

图5-2 "窗交"方式选择图形

四、圈围方式(WP)

该方式与"窗口"方式类似,在"选择对象:"提示后输入WP,区别在于:不是通过矩形窗口而是通过一个不规则的多边形的窗口进行图

形的选择,被该多边形的窗口完全包围的图形实体被选择。如图 5-3
所示。

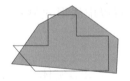
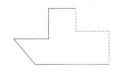

(a)图中深色覆盖部分为选择窗口　　　　　　(b)图形选择后的结果

图5-3　"圈围"方式选择图形

五、圈交方式(CP)

该方式与"圈围"方式类似,区别在于,在"选择对象:"提示后输入
CP,后续操作与"圈围"方式相同。区别在于:与多边形边界相交的图
形也被选择。

六、上一个(L)

采用该方式后,系统会自动选取最后绘制的一个图形对象。

七、框方式(BOX)

采用该方式时,不用键入 BOX,系统会根据在绘图区给出的两个
对角点的位置而自动引用"窗口"或"窗交"方式。若从左向右指定对
角点,则为"窗口"方式,反之,为"窗交"方式。

八、全部方式(ALL)

采用该方式时,选取绘图区的所有对象。

九、栏选方式(F)

该方式为临时绘制若干的连续线段,凡是与这些线段相交的图形
均被选择,这些线段不必构成封闭图形。该方式是最快捷的图形选择
方式,选择结果如图 5-4 所示。

（a）图中虚线为选择栏　　　　　（b）图形选择后的结果

图5-4　"栏选"方式选择图形

十、删除方式（R）

该方式可以从当前选择集中移除应不被选择的对象。对象从高亮显示状态变为正常显示状态。

第二节　图形删除与恢复

一、图形删除

（一）命令执行形式

菜单栏："修改"→"删除"。

功能区：单击"默认"选项卡中"修改"面板上的"删除"按钮。

命令行：ERASE（或E）

（二）操作步骤

命令：E

选择对象：选择要删除的对象。

在图形选择后，单击鼠标右键或按回车键，即可完成对所选图形对象的删除操作。

在进行图形对象的删除操作时，既可以采用前面介绍的先输入删除命令，然后选择删除对象的方法；也可以先选择准备要删除的图形对象，然后再单击"修改面板"上的"删除"按钮，单击删除命令按钮后，所选择的图形对象将被删除。

二、删除图形的恢复

为了防止误操作,AutoCAD还提供了恢复被删除图形的命令,可以使已经删除的图形对象恢复回来。

对删除图形对象的恢复方法如下。

在删除操作完成后,单击"放弃"功能按钮,单击一次就恢复一次被删除操作删除的图形对象[①]。

第三节　图形复制类命令

一、复制命令

运用AutoCAD的图形复制功能,可以减少相同图形对象的重复绘制工作,提高绘图效率。下面以图5-5为例讲述图形复制的方法。

图5-5　图形复制

(一)命令执行形式

菜单栏:"修改"→"复制"。

功能区:单击"默认"选项卡中"修改"面板上的"复制"按钮。

命令行:COPY(或CO)

(二)操作步骤

命令:CO

选择时象:选择办公桌左侧的一系列矩形。

①张敏.AutoCAD使用攻略[M].武汉:湖北科学技术出版社,2015.

当前设置:复制模式=多个。

指定基点或[位移(D)/模式(O)]<位移>:选择1点。

指定位移的第二点或[阵列(A)]<用第一点作位移>:打开正交功能,输入数值314。

指定位移的第二点或[阵列(A)/退出(E)/放弃(U)]<退出>:回车。

图形复制的结果如图5-5所示。

(三)选项说明

"指定基点":基点可以是图像的特征点,也可以是当前光标所在的坐标点,指定后,系统自动把该点作为复制对象的基点,并提示如下。

指定位移的第二点或<用第一点作位移>:

若直接按回车键,即默认选择"用第一点作位移",则第一点的坐标值被当作复制的距离。例如,若基点的坐标为(100,200)并直接按回车键,则该对象直接从它当前位置开始,在x轴正向100个单位,y轴正向200个单位位置处复制出一个对象。复制完成后,命令行会继续提示如下。

指定位移第二点:

这时,可不断指定新的第二点,实现多重复制。

"位移":复制对象的粘贴位置相对于坐标原点的位移。

"模式":选择模式选项后,确定复制对象粘贴的次数是单个还是多个。①

二、镜像命令

在建筑施工图中,有很多图形是完全对称的,对这样的图形,可采用 AutoCAD 提供的图形镜像功能,只绘出图形的一半,然后用镜像功能完成另一半的绘制,大大提高绘图效率。下面以图5-6为例讲述图

---

①姜一,郭欣,冉国强. AutoCAD建筑制图与应用[M]. 武汉:华中科技大学出版社,2015.

形镜像的方法。

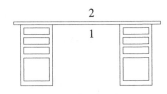

图5-6   图形镜像

（一）命令执行形式

菜单栏:"修改"→"镜像"。

功能区:单击"默认"选项卡中"修改"面板上的"镜像"按钮。

命令行:MIRROR（或MI）

（二）操作步骤

命令:MI。

选择对象:选择办公桌左侧的一系列矩形。

选择对象:

指定镜像线的第一点:选择桌面矩形的底边中点1。

指定镜像线的第二点:选择桌面矩形的顶边中点2。

是否删除源对象? [是（Y）/否（N）]<否>:N

镜像效果如图5-6所示。

三、偏移命令

偏移命令用于绘制已知直线的平行线和同心圆弧线,且圆心角相等,还可以绘制同心结构。下面以图5-7为例讲述偏移图形的方法。

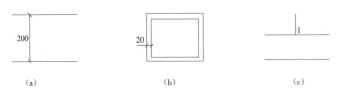

（a）   （b）   （c）

图5-7   偏移图形

（一）命令执行形式

菜单栏:"修改"→"偏移"

功能区:单击"默认"选项卡中"修改"面板上的"偏移"按钮。

命令行:OFFSRT

(二)操作步骤

1.绘制平行线

命令:OFFSRT

当前设置:删除源=否图层=源 OFFSETGAPTYPE=0

指定偏移距离或[通过(T)/删除(E)/图层(L)]<1.0000>:200

选择要偏移的对象,或[退出(E)/放弃(U)]<退出>:选择要偏移的直线。

指定要偏移那一侧上的点,或[退出(E)/多个(M)/放弃(U)]<退出>:用鼠标给定偏移方向。

选择要偏移的对象,或[退出(E)/放弃(U)]<退出>:

绘制结果如图5-7(a)所示。

2.绘制同心结构

命令:OFFSRT

当前设置:删除源=否图层=源 OFFSETGAPTYPE=0

指定偏移距离或[通过(T)/删除(E)/图层(L)]<1.0000>:20

选择要偏移的对象,或[退出(E)/放弃(U)]<退出>:选择矩形

指定要偏移那一侧上的点,或[退出(E)/多个(M)/放弃(U)]<退出>:在矩形内点击,给定偏移的方向。

选择要偏移的对象,或[退出(E)/放弃(U)]<退出>:

绘制结果如图5-7(b)所示。

注意:绘制同心结构时,原对象必须是一个整体,即用多段线、多边形、矩形或圆命令等绘制的图形才可以进行同心结构绘制,而用直线、圆弧等绘图命令绘制的封闭图形不是一个整体,不能绘制同心结构。

3.选项说明

"通过(T)":指定偏移对象要通过的点,选择该选项后出现如下

提示。

选择要偏移的对象,或[退出(E)/放弃(U)]<退出>:选择要偏移的水平直线。

指定通过点或[退出(E)/多个(M)/放弃(U)]<退出>:选择1点。

选择要偏移的对象,或[退出(E)/放弃(U)]<退出>:

绘制结果如图5-7(c)所示。

"多个(M)":当需要多次偏移对象时,选择此选项,可以实现多次连续偏移对象。

四、阵列命令

阵列命令可以把图形对象按环形或矩形排列形式进行复制。对于环形阵列,可以控制复制对象的数目和是否旋转对象,对于矩形阵列,可以控制行和列的数目以及间距。

(一)命令执行形式

菜单栏:"修改"→"阵列"。

功能区:单击"默认"选项卡中"修改"面板上的"阵列"按钮。

命令行:ARRAY(或AR)

在AutoCAD2020中,有三种阵列形式即矩形阵列、路径阵列和环形阵列,下面介绍常用的矩形阵列和环形阵列。

(二)操作步骤

1.矩形阵列

单击"阵列"按钮右侧的三角标识,打开阵列方式选取"矩形阵列"如图5-8所示,同时命令行窗口提示如下。

选择对象:选取矩形

在出现【矩形阵列创建】对话框中按给定尺寸进行阵列设置,其设置如图5-8所示。设置好参数输入后,会显示阵列的图形;修改设置参数,会同步修改显示的图形。

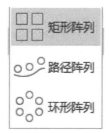

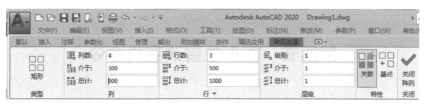

图5-8 矩形阵列的选取和【矩形阵列创建】对话框

绘制结果如图5-9(a)所示。

2.环形阵列

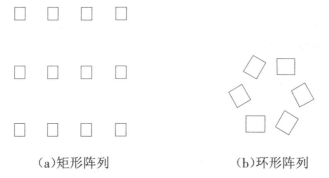

（a)矩形阵列　　　　　　　　　(b)环形阵列

图5-9 图形阵列

单击"阵列"按钮右侧的三角标识,打开阵列方式选取"环形阵列"
如图5-8所示,同时命令行窗口提示如下。

选择对象:选取矩形

在出现【环形阵列创建】对话框中按给定尺寸进行阵列设置,其设
置如图5-10所示。设置好参数输入后,会显示阵列的图形;修改设置
参数,会同步修改显示的图形。

绘制结果如图5-9(b)所示。

图5-10　【环形阵列创建】对话框

第四节　图形位置改变类命令

在绘图的过程中,经常会出现由于一些图形对象位置不好,需要对其按照指定要求调整当前图形或部分图形的位置。AutoCAD提供的图形位置改变命令可以让绘图者很方便地实现图形对象的位置调整。[1]

一、移动命令

(一)命令执行形式

菜单栏:"修改"→"移动"。

功能区:单击"默认"选项卡中"修改"面板上的"移动"按钮。

命令行:MOVE(或M)

(二)操作步骤

命令:M

选择对象:选择矩形

指定基点或位移:选定1点。

指定位移的第二点或<用第一点作位移>:用鼠标将图形拖动到所需的位置。

图形移动时的效果如图5-11所示。

命令选项的功能与"复制"命令类似。

①程静,于海霞.AutoCAD上机指导[M].北京:国防工业出版社,2015.

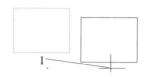

图 5-11　移动图形

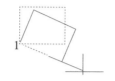

图 5-12　旋转图形

二、旋转命令

图形旋转命令可以实现对选定的图形对象绕选定的基点进行转动。下面以图 5-12 为例讲述旋转图形的方法。

（一）命令执行形式

菜单栏：“修改”→“旋转”。

功能区：单击“默认”选项卡中“修改”面板上的“旋转”按钮。

命令行：ROTATE（或 RO）

（二）操作步骤

命令：RO

选择对象：选择矩形

指定基点：选定 1 点

指定旋转角度[复制（C）/参照（R）]<0>：指定旋转的角度,逆时针为正；也可以用鼠标拖动图形旋转到合适的位置。

旋转效果如图 5-12 所示。

（三）选项说明

“复制（C）”：旋转原对象同时,保留原对象。

“参照（R）”：以选定的参照角度来进行旋转,主要用于不能确定旋转角度的情况。

如图 5-13 所示,需要将小三角形的斜边旋转到与大三角形的斜边重合的位置,这种操作可以选择选项"参照(R)"来完成。

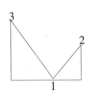

(a)旋转前

(b)旋转后

图5-13 设置参照方式旋转

输入旋转命令后,选择矩形为旋转对象,选择1点作为基点。

在选择"参照(R)"后,命令提示行提示如下。

指定参考角<0>:输入参照角方向,通过指定1,2两点来指定该角

指定新角度或[点(P)]<0>:输入旋转后的角度值,通过指定3点来确定该角度

三、缩放命令

图形缩放命令可以将选定的图形按给定的比例进行放大和缩小,但比例值不能是负值。

(一)命令执行形式

菜单栏:"修改"→"缩放"。

功能区:单击"默认"选项卡中"修改"面板上的"缩放"按钮。

命令行:SCALE(或SC)

(二)操作步骤

命令:SC

选择对象:选择矩形

指定基点:选定1点

指定比例因子或[复制（C）/参照（R）]<1.0000>：2 缩放结果如图 5-14 所示。

（a）缩放前

（b）缩放后

图 5-14　图形缩放

（三）选项说明

"复制（C）"：缩放原对象同时，保留原对象。

"参照（R）"：选择该选项后，命令行窗口提示如下。

指定参照长度<1.0000>：给出原对象的长度。

指定新的长度[点（P）]<1.0000>：给出缩放后的长度。

操作完毕后，系统按照原长度和新的长度自动计算应该缩放的比例来缩放图形。如果选择"点（P）"选项，则制定两点来定义新长度。

第五节　图形几何特性改变类命令

一、拉伸命令

图形拉伸命令用于对图形局部进行放大或缩小。要注意的是，在执行拉伸命令的过程中，在选择拉伸对象时，必须用"窗交（C）"或"圈交（CP）"的方式来进行选择，并且只有图形的部分被选择才能够进行拉伸，如果图形完全被选择，则命令结构不是拉伸而是图形对象的平面移动。下面以图 5-15 为例讲述图形拉伸的操作方法。

（a）拉伸前　　　　　　　　　　（b）向右拉伸后

图5-15　图形拉伸

(一)命令执行形式

菜单栏："修改"→"拉伸"。

功能区：单击"默认"选项卡中"修改"面板上的"拉伸"按钮。

命令行：STRETCH

(二)操作步骤

命令：STRETCH

以交叉窗口或交叉变形选择要拉伸的对象。

选择对象：C或CP或用鼠标从右至左框选。

指定第一个角点：给定第一角点。

指定对角点：给定对角点。

选择对象：结束对象选择，按回车键，或单击鼠标右键。

指定基点或[位移(D)]：给定基点。

指定位移的第二个点或<用第一个点作位移>：给定第二点

拉伸结果如图5-15所示。[①]

二、修剪命令

图形修剪命令是以选定的图形对象为边界，将选定的超出该边界的图形对象修剪到该边界。下面以图5-16为例讲述图形修剪的方法。

(一)命令执行形式

菜单栏："修改"→"修剪"。

功能区：单击"默认"选项卡中"修改"面板上的"修剪"按钮。

---

①王静,程雪飞,涂光璨,等.AutoCAD实训教程[M].石家庄:河北美术出版社,2015.

命令行:TRIM(或 TR)

(二)操作步骤

命令:TR

当前设置:投影=UCS,边=无

选择剪切边。

选择对象或<全部选择>:选择作为修剪边界的图形对象,选择水平线。

选择对象:

选择要修剪的对象,或按住 Shift 键选择要延伸的对象,或[栏选(F)/窗交(C)/投影(P)/边(E)/删除(R)/放弃(U)]:选择竖直线。

修剪结果如图 5-16 所示。

(a)修剪前

(b)修剪后

图5-16　图形修剪

(三)选项说明

"或按住 Sift 键选择要延伸的对象":用于选择要修剪的对象延伸到已经选定的修剪边,实际上是图形延伸的功能。

"栏选(F)":用一条折线来选择多个修剪对象,图形被折线通过的部分被修剪,因此注意折线通过的位置。

"窗交(C)":用窗交的方式对修剪对象进行选择。

"投影(P)":用于三维空间修剪时选择投影模式。

"边(E)":选择边的剪切模式。选择该选项,系统会进一步提示。

输入隐含边延伸模式[延伸(E)/不延伸(N)]<不延伸>:

在被剪切对象与剪切边不相交的情况下,如果选择"不延伸"的方式,将不会产生修剪;如果选择"延伸"方式,则会按选定的剪切边延伸到与被剪切对象的交点处作为剪切的位置,如图5-17所示。

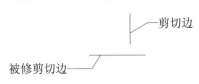

剪切边

被修剪切边

图5-17　剪切边模式

"删除(R)":删除所选择的对象。在执行该选项时,系统会提示"选择要删除的对象",选择后,该对象就被删除。

"放弃(U)":放弃最后一次的修剪操作。

三、延伸命令

图形延伸命令用于将图形对象延伸到选定的边界上,这在图形编辑中是一个常用的编辑命令。下面以图5-18为例讲述图形延伸的方法。

(a)延伸前　　　　　　　　　　(b)延伸后

图5-18　图形延伸

(一)命令执行形式

菜单栏:"修改"→"延伸"。

功能区:单击"默认"选项卡中"修改"面板上的"修剪"右侧的小三角,选择"延伸"按钮。

命令行:EXTEND(或EX)

(二)操作步骤

命令:EX

当前设置:投影=UCS,边=无

选择边界的边。

选择对象或<全部选择>:选择延伸的边界对象,选择竖直线。

选择对象:

选择要延伸的对象,或按住Sift键选择要修剪的对象,或[栏选(F)/窗交(C)/投影(P)/边(E)/删除(R)/放弃(U)]:选择水平线

延伸结果如图5-18所示。

延伸命令选项的含义与修剪命令的含义类似。

四、圆角命令

圆角命令用于直线、圆弧或圆之间以指定半径作圆角。下面以图5-18为例讲述图形圆角的方法。

(一)命令执行形式

菜单栏:"修改"→"圆角"。

功能区:单击"默认"选项卡中"修改"面板上的"圆角"按钮。

命令行:FILLET

(二)操作步骤

命令:FILLET

当前设置:模式=修剪,半径=0.0000

选择第一个对象或[放弃(U)/多段线(P)/半径(R)/修剪(T)/多个(M)]:R

指定圆角半径<0.0000>:100

选择第一个对象或[放弃(U)/多段线(P)/半径(R)/修剪(T)/多个(M)]:选择水平线。

选择第二个对象,或按住Shift键选择要应用角点的对象:选择竖直线。

倒圆角绘制结果如图5-19(b)所示。

(三)选项说明

"多段线(P)":在对多段线绘制的图形进行倒圆角操作时,在给定

圆角半径后,所有的圆角将一次完成。

　　"多个(M)":可以同时连续对多个图形对象进行倒圆角操作,而不必重启命令。

　　"修剪(T)":用于在倒圆角操作后,确定保留原线段还是去掉原线段的选项。如图5-19(c)所示。

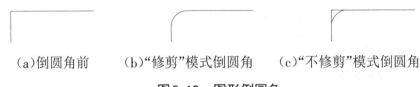

　　(a)倒圆角前　　　(b)"修剪"模式倒圆角　　(c)"不修剪"模式倒圆角

图5-19　图形倒圆角

　　如果在两条平行线之间作倒圆角操作,系统会自动计算倒圆角的半径,使其与指定的两直线相切,如图5-20所示。

　　　　(a)倒圆角前　　　　　　　　　　(b)倒圆角后

图5-20　平行线间倒圆角

　　如果在倒圆角操作时,圆角半径设为0或按住Shift键直接选择两条非平行直线,这时在两条直线之间创建零半径圆角也叫交角。并且该两条直线自动延伸相连或自动修剪,如图5-21所示。

　　　　(a)延伸相连　　　　　　　　　(b)自动修剪

图5-21　零半径圆角

五、倒角命令

　　倒角命令用于在两条直线边倒角,可以用距离和角度两种方式来控制倒角的大小。下面以图5-22为例讲述图形倒角的方法。

(一)命令执行形式

菜单栏:"修改"→"倒角"。

功能区:单击"默认"选项卡中"修改"面板上的"圆角"右侧的小三角,选择"倒角"按钮。

命令行:CHAMFER

(二)操作步骤

命令:CHAMFER

("修剪"模式)当前倒角距离 1=0.0000,距离 2=0.0000

选择第一条直线或[放弃(U)/多段线(P)/距离(D)/角度(A)/修剪(T)/方式(E)/多个(M)]:D

指定第一个倒角距离<0.0000>:100

指定第二个倒角距离<0.0000>:50

选择第一条直线或[多段线(P)/距离(D)/角度(A)/修剪(T)/方式(E)/多个(M)]:选择水平线。

选择第二条直线:选择竖直线。

注意:"第一个倒角距离"是与"选择的第一条直线"相对应的,即"第一个倒角距离"是在选择的第一条直线方向上。同理,"第二个倒角距离"是在选择的第二条直线方向上。两条直线选择的顺序不同,倒角结果不同,如图5-22(b)、(c)所示。

(a)倒角前　　(b)水平线为第一条直线 (c)竖线直线为第一条直线

图5-22　图形倒角

(三)选项说明

"距离(D)":设置倒角距离的选项。

"角度(A)":用角度方式确定倒角参数,采用这种方式倒角时,需要输入两个参数:"第一个倒角距离"和第一条直线与倒角后斜线的角度,角度需为正值(逆时针)。

"方式(E)":决定采用"距离"方式还是"角度"方法来倒角。

其他选项与倒圆角命令相同。

六、打断命令

打断命令是将一个完整的图形对象在所需的位置断开,AutoCAD提供了两个命令来处理这种情况,即在指定点断开和在指定的一段距离上断开。在指定的一段距离上断开也就是图形在指定这段距离上被删除。下面以图5-23为例讲述图形打断的方法。

(一)打断于点

1.命令执行形式

菜单栏:"修改"→"打断"。

功能区:单击"默认"选项卡中"修改"面板上的小三角,选择"打断于点"按钮。

命令行:BREAK(或BR)

2.操作步骤

命令:BR

选择对象:选择水平线。

指定第二个打断点或[第一点(F)]:_f

指定第一个打断点:与竖直线的相交的点。

指定第二个打断点:@(系统自动给出)

打断点的效果如图5-23所示。

注意:为了表现打断前后的情况,用选择对象的方式表明在打断前,整条直线是一个对象。而打断后,在打断点处,直线被分为两个对象。

（a）打断前   （b）打断后

图5-23   打断于点

（二）打断

打断命令是将图形的一部分删除。

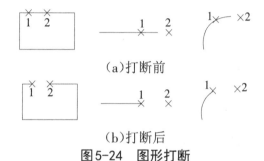

（a）打断前

（b）打断后

图5-24   图形打断

1.命令执行形式

菜单栏："修改"→"打断"。

功能区：单击"默认"选项卡中"修改"面板上的小三角,选择"打断"按钮。

命令行：BREAK（或 BR）

2.操作步骤

命令：BR

选择对象：选择图形。

指定第二个打断点或[第一点（F）]：F

指定第一个打断点：选择1点。

指定第二个打断点：选择2点。

当第二个打断点选在图形对象之外时,在1,2点之间并超出第一个打断点部分的图形将被修剪。对圆进行打断操作时,从第一个断点按逆时针方向到第二个断点的部分被修剪掉。打断的效果如图5-24所示。

七、合并命令

合并命令是可以将圆弧、椭圆弧、直线、多段线和样条曲线等独立的图形合并为一个图形,如图5-25所示。

(一)命令执行形式

菜单栏:"修改"→"合并"。

功能区:单击"默认"选项卡中"修改"面板上的小三角,选择"合并"按钮。

命令行:JOIN

(二)操作步骤

命令:JOIN

选择源对象:

根据选定的源对象的性质,显示以下提示之一。

1.直线

选择要合并到源的直线:选择一条或多条直线后按回车键。

注意:直线对象必须共线(位于同一无限长的直线上),但是它们之间可以有间隙。

如图5-25所示,合并后,两条直线成为一个直线。

(a)合并前   (b)合并后

图5-25　图形合并

2.多段线

选择要合并到源的对象:选择一个或多个多段线后按回车键。

注意:对象可以是直线、多段线或圆弧。对象之间不能有间隙。

3.圆弧

选择圆弧,以合并到源或进行[闭合(L)]:选择一个或多个圆弧后按回车键,或输入L。

注意:圆弧对象必须位于同一假想的圆上,但是它们之间可以有间隙。"闭合"选项可将源圆弧转换成圆。合并两条或多条圆弧时,将从源对象开始按逆时针方向合并圆弧。

4.椭圆弧

选择椭圆弧,以合并到源或进行[闭合(L)]:选择一个或多个椭圆弧后按回车键,或输入L。

注意:椭圆弧必须位于同一椭圆上,但是它们之间可以有间隙。"闭合"选项可将源椭圆弧闭合成完整的椭圆。合并两条或多条椭圆弧时,将从源对象开始按逆时针方向合并椭圆弧。

第六节　分 解 命 令

在图形编辑时,有的图形是用绘图命令绘出的组合图形。例如,用正多边形、矩形命令画的正多边形、矩形,虽然它们有几条边,但它们是一个图形对象。因此,对于这样的组合图形是不能直接对其中某一部分进行修改和编辑操作的。

而在绘图的过程中,有时就需要对组合图形的一部分进行修改和编辑,这时就需要采用"分解"命令将组合图形进行分解之后进行编辑,例如用"分解"命令可将正多边形、矩形可以分解为每一条边为一个图形对象。而单一的图形对象是不能被分解的,例如直线、圆等。

一、命令执行形式

菜单栏:"修改"→"分解"。

功能区:单击"默认"选项卡中"修改"面板上"分解"按钮。

命令行:EXPLODE(或X)

二、操作步骤

命令:X

选择对象:选择分解对象。

分解的效果如图5-26所示。从图中可以看出在分解命令执行前，正六边形作为一个整体全选中;分解后,则可以选择其中一条边。[①]

（a）分解前

（b）分解后

图5-26　图形分解

①肖瑾,张晶,吴聪,等.计算机辅助设计 AUTOCAD[M].合肥:合肥工业大学出版社,
2016.

第六章　尺寸和文字标注

　　尺寸标注是图纸绘制中重要的一个环节。对设计图纸而言,构件尺寸的表达是通过尺寸标注来实现的,无论图形绘制精确与否,标注的尺寸才是构件施工和检验的依据。国家房屋制图标准对尺寸的标注有明确的规定,在采用 AutoCAD 软件来绘图时,也必须使尺寸的标注符合国家标准的要求。具体见第一章的论述。

　　图纸中除了有图形和尺寸标注外,往往还需要在设计的图纸上书写有关的技术条件,这就需要在图纸上指定的位置进行文字的输入。在某些情况下。图纸上的文字比图形和尺寸还要重要,因为这些文字表述的是无法用图形进行表达的思想。

　　AutoCAD 提供了方便的文字输入和尺寸标注功能,可满足制图标准的要求。

第一节　设置尺寸标注样式

　　在进行尺寸标注前,应对尺寸的标注样式进行一定的设置或修改,以满足制图标准的要求。在 AutoCAD 中,是用"标注样式管理器"完成这些工作的。

　　命令执行形式:

　　菜单栏:"格式"→"标注样式"或"标注"→"标注样式"。

　　功能区:单击"默认"选项卡中,"注释"面板上小三角,单击"标注样式"按钮。

命令行：DIMSTYLE

操作步骤：

命令：DIMSTYLE

执行命令后，打开【标注样式管理器】对话框，如图6-1所示。

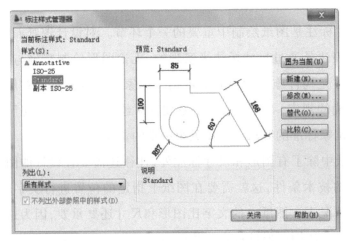

图6-1 【标注样式管理器】对话框

选项说明：

"当前标注样式"：当前所用的标注样式。

"样式"列表框：显示标注样式的名称。

"预览"显示框：显示当前标注样式示例。

"置为当前"按钮：将所选择的标注样式置为当前使用样式。

"新建"按钮：用于创建新的标注样式。

"修改"按钮：用于修改已有的标注样式、对话框选项与"新建标注样式"相同。

"替代"按钮：可以设定标注样式的临时替代值。

"比较"按钮：可以比较两个标注样式所有特性。

一、创建新标注样式

在【标注样式管理器】对话框中，单击"新建"按钮，将打开如图6-2

所示的【创建新标注样式】对话框。在该对话框的"新样式名"文本框中,输入新建的标注样式名。[①]

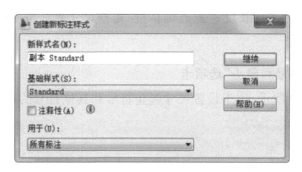

图6-2 【创建新标注样式】对话框

二、新建标注样式

在【创建新标注样式】对话框中单击"继续"按钮,打开如图6-3所示的【新建标注样式】对话框。

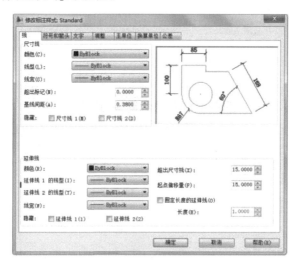

图6-3 【新建标注样式】对话框

该对话框有7个选项卡,分别说明如下。

(一)"线"选项卡

如图6-3所示,用于设置尺寸线、尺寸界线的格式。其中,"超出标

①叶砚葳,刘晓明.AutoCAD建筑制图[M].武汉:华中科技大学出版社,2014.

记"是指尺寸线是否超出尺寸界线,应设为0;"基线间距"是指在采用基线标注的方式时,两条尺寸线之间的距离;"超出尺寸线"是指尺寸界线超过尺寸线的长度;"起点偏移量"是指尺寸界线与所标注的对象之间的距离。

(二)"符号和箭头"选项卡

如图6-4所示,用于设置尺寸起止符号和其他符号的格式。

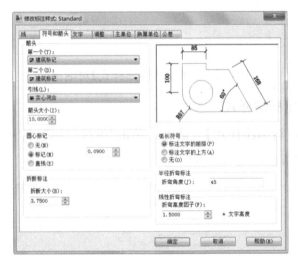

图6-4 "符号和箭头"选项卡

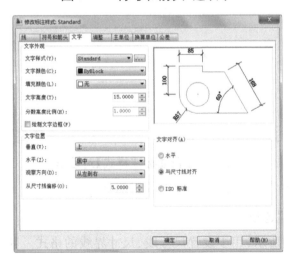

图6-5 "文字"选项卡

"箭头":在下拉列表中选取。对于建筑制图,应选取"建筑标记";"箭头大小"是指箭头的长度。

"圆心标记":于标注圆或半径时,对圆心进行标注形式的选项。

"弧长符号":于对弧长符号标注形式的设置,按现行国家制图标准的规定,弧长的符号在尺寸数字之前;"线型折弯标注"用于对线性尺寸进行折弯标注。

以上这些选项的设置在改变后,预览区的图形会显示设置后的尺寸标注效果。

(三)"文字"选项卡

如图6-5所示,用于设置尺寸数字的外观、位置和对齐方式等参数。

"文字外观":可以设置或选择文字的样式、颜色、高度、高度比例以及是否给文字加上边框,重点是设置文字的样式和文字的高度,需要满足建筑制图的要求。

"文字位置":设置文字与尺寸线的位置关系以及文字与尺寸线之间的距离。

其中,"垂直"的下拉列表中有"置中""外部""上方"和JIS选项,应设为"上方"以符合国家标准的要求。"水平"的下拉列表中有多个选项,一般应设置为"居中",即尺寸在尺寸线的中间位置。"从尺寸线偏移"是指尺寸数字与尺寸线的距离。

如图6-6所示为尺寸在垂直方向放置的不同方式,如图6-7所示为尺寸在水平方向放置的不同方式。

"文字对齐":确定文字的对齐方式,一般应设置为"与尺寸线对齐"。

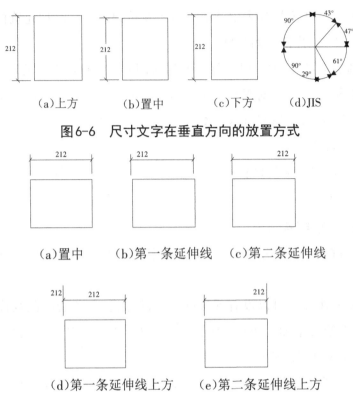

（a）上方　　　（b）置中　　　（c）下方　　　（d）JIS

图6-6　尺寸文字在垂直方向的放置方式

（a）置中　　　（b）第一条延伸线　　（c）第二条延伸线

（d）第一条延伸线上方　　（e）第二条延伸线上方

图6-7　尺寸文字在水平方向的放置方式

（四）"调整"选项卡

如图6-8所示,用于调整尺寸界线、尺寸线与尺寸数字之间的位置关系,特别是在标注尺寸的位置比较小的情况下,调整尺寸数字的标注位置。

其中,"调整选项"用于确定当尺寸界线内的空间比较小,不足以放置尺寸数字时,尺寸箭头与尺寸数字的关系。一般选其默认设置"文字或箭头（最佳效果）",它相当于其余几个选项的综合;"文字位置"用于设置当标注的尺寸较小,尺寸数字不能放在尺寸界线之内时,尺寸数字的放置位置。图6-9为三个选项的设置效果。

"标注特征比例"选项控制尺寸标注四要素在图纸标注中实际大小的比例,即尺寸标注的四要素按设置值乘以设置的比例一般应按系统默认值1设置。

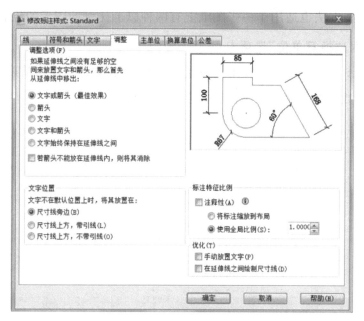

图6-8 "调整"选项卡

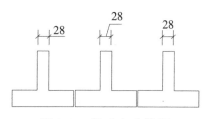

图6-9 尺寸文本位置

(五)"主单位"选项卡

如图6-10所示,用于设置尺寸数字的显示精度,一般按系统默认设置即可,但对于总平面图,"精度"选项应设置为0.00。

对于"测量单位比例"中的比例因子选项,系统默认为1。有时进行图形编辑时需要把图形进行放大或缩小,但相对应的尺寸不能随之放大或缩小,这时就需要对"主单位"选项卡中的比例因子进行设定,以保证图形放大或缩小但对应的尺寸保持不变。例如:图纸上原有图形比例为1:100,放大四倍后为1:25,若想保持尺寸不变,比例因子设为0.25即可。

这种方法也适用于一张图纸上有两种以上比例的图形的绘制。

(六)"换算单位"选项卡

如图6-11所示,主要用于设置换算尺寸单位的格式和精度,并设置尺寸数字的前缀和后缀,一般按系统的默认设置即可。

图6-10 "主单位"选项卡

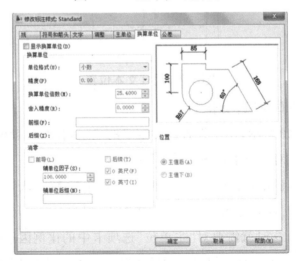

图6-11 "换算单位"选项卡

第二节 尺 寸 标 注

在尺寸样式设置好以后,就可以使用设置的尺寸样式来标注尺寸,在标注尺寸时,需要打开"目标捕捉"功能,以准确地捕捉标注点,保证标注的准确性。

一、线性标注

线性标注用于标注图形的水平方向和垂直方向的尺寸。

(一)命令执行形式

菜单栏:"标注"→"线性"。

功能区:单击"默认"选项卡中,"注释"面板上的"线性"按钮。

命令行:DIMLINEAR

(二)操作步骤

命令:DIMLINEAR

指定第一个尺寸界线原点或<选择对象>:捕捉所标注尺寸的第一个端点,作为第一条尺寸界线的起点。

指定第二条尺寸界线原点:捕捉所标注尺寸的第二个端点,作为第二条尺寸界线的起点。

指定尺寸线位置或[多行文字(M)/文字(T)/角度(A)/水平(H)/垂直(V)/旋转(R)]:输入选项,如不输入选项,则按系统测量的尺寸值标注。

(三)选项说明

"选择对象":选择一条直线或圆弧对象后,系统自动取其两端点作为尺寸界线的两个起点。

"多行文字(M)":用于输入多行文字。

"文字(T)":绘图者可以对所标注的尺寸数值进行修改。选择此项后,命令行提示如下。

输入标注文字<默认值>:

"角度(A)":设定尺寸文本的倾斜角度,使尺寸文字倾斜标注。

"水平(H)":选择后,尺寸线只能水平放置。

"垂直(V)":选择后,尺寸线只能垂直放置。

"旋转(R)":输入尺寸线倾斜角度,旋转标注尺寸。

线性标注示例如图6-12所示。

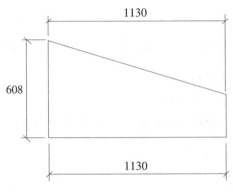

图6-12 线性标注示例

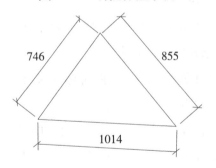

图6-13 对齐标注示例

二、对齐标注

对齐标注的功能是标注时其尺寸线与所标注的轮廓线平行,适用于图形倾斜时,标注其实际长度的情况。

(一)命令执行形式

菜单栏:"标注"→"对齐"。

功能区:在"默认"选项卡中,单击"注释"面板上右侧的小三角,选择"对齐"按钮。

命令行:DIMLIGNED

(二)操作步骤

命令:DIMLIGNED

指定第一个尺寸界线原点或<选择对象>:捕捉所标注尺寸的第一个端点,作为第一条尺寸界线的起点。

指定第二条尺寸界线原点:捕捉所标注尺寸的第二个端点,作为第二条尺寸界线的起点。

指定尺寸线位置或[多行文字(M)/文字(T)/角度(A)]:输入选项,如不输入选项,则按系统测量的尺寸值标注。

选项的含义与线性标注相同,对齐标注示例如图6-13所示。①

三、弧长标注

对齐标注的功能是标注时其尺寸线与所标注的轮廓线平行,适用于图形倾斜时,标注其实际长度的情况。

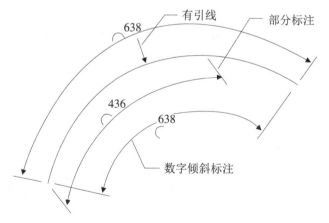

638   有引线   部分标注

436   638

数字倾斜标注

图6-14 弧长标注示例

---

①俞大丽,张莹,李海翔. 中文版AutoCAD建筑制图高级教程[M]. 北京:中国青年出版社,2016.

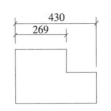

图6-15 基线标注示例

（一）命令执行形式

菜单栏："标注"→"弧长"。

功能区：在"默认"选项卡中，单击"注释"面板上右侧的小三角，选择"弧长"按钮。

命令行：DIMARC

（二）操作步骤

命令：DIMARC

选择弧线段或多段线弧线段：选择要标注的圆弧。

指定弧长标注位置或[多行文字（M）/文字（T）/角度（A）/部分（P）/引线（L）]：指定标注位置。

（三）选项说明

"角度（A）"：指定标注的弧长数字的倾斜角度。选择该项时，命令行窗口提示如下。

指定标注文字的角度：

"部分（P）"：标注圆弧的一部分弧长，在标注时，用鼠标选定标注的起点与终点。

"引线（L）"：标注时，确定是否用引线指向所标注的圆弧。

其他选项含义与线性标注相同，弧长标注示例如图6-14所示。

四、基线标注

基线标注需要在标注之前必须先标注一个尺寸，使该尺寸的一条尺寸界线作为公共尺寸界线。同时，在标注样式管理器的尺寸选项中，必须对"基线间距"进行设定，一般其基线间距值应大于尺寸数字的高度。

(一)命令执行形式

菜单栏:"标注"→"基线"。

功能区:在"注释"选项卡中,单击"标注"面板上"连续"按钮右侧的小三角,选择"基线"按钮。

命令行:DIMBASELINE

(二)操作步骤

命令:DIMBASELINE

指定第二条尺寸界线原点或[放弃(U)/选择(S)]<选择>:指定尺寸界限点。

标注文字=430。

(三)选项说明

"选择(S)":用于选择标注的基准。系统的默认设置是选择标注方向上第一条尺寸界线作为基准线。选择该项后,命令行窗口提示如下。

选择基准标注:可以自由选择标注的基准线。

基线标注示例如图6-15所示。

五、连续标注

连续标注用于标注连续成链状的一组线性尺寸或角度尺寸,该标注也需要先单独标注一个尺寸后才能使用。

(一)命令执行形式

菜单栏:"标注"→"连续"。

功能区:在"注释"选项卡中,单击"标注"面板上"连续"按钮。

命令行:DIMCONTINUE

(二)操作步骤

命令:DIMCONTINUE

指定第二条尺寸界线原点或[放弃(U)/选择(S)]<选择>：

标注文字=161。

指定第二条尺寸界线原点或[放弃(U)/选择(S)]<选择>：

"连续标注"的选项含义与"基线标注"相同。连续标注的示例如图6-16所示。

六、快速标注

快速标注可以动态地、自动地同时对多个图形对象进行基线标注和连续标注，也可以进行直径标注或半径标注。因此可节省时间，提高工作效率。

(一)命令执行形式

菜单栏："标注"→"快速标注"。

功能区：在"注释"选项卡中，单击"标注"面板上"快速"按钮。

命令行：QDIM

(二)操作步骤

命令：QDIM

选择要标注的几何图形：选择要标注的图形。

指定尺寸线位置或[连续(C)/并列(S)/基线(B)/坐标(O)/半径(R)/直径(D)/基准点(P)/编辑(E)/设置(T)]<连续>：默认标注方式为线性连续标注，输入选项，则按指定的方式进行标注。

(三)选项说明

"并列(S)"：形成一系列交错的尺寸标注，如图6-17所示。

"基准点(P)"：为基线标注和连续标注指定一个新的基准点。

"编辑(E)"：对多个尺寸标注进行编辑。允许对已存在的尺寸标注添加或移去尺寸点。选择该项，命令行窗口提示如下。

指定要删除的标注点或[添加(A)/退出(X)]<退出>：指定点、输入A或按Enter。

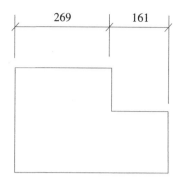

图6-16　连续标注示例图

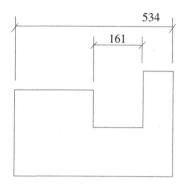

图6-17　交错尺寸标注

第三节　文本标注

一、设置文本样式

在建筑制图中,由于设计要求的不同,对文字的大小、字体等也会有不同的要求,这就需要对文字样式进行一定的设置或修改。

(一)命令执行形式

菜单栏:"格式"→"文字样式"。

功能区:单击"默认"选项卡中"注释"面板上的小三角,选择"文字样式"按钮。

命令行:STYLE

（二）操作步骤

命令:STYLE

命令输入后,会弹出【文字样式】对话框,如图6-18所示。

图6-18 【文字样式】对话框

对话框内各项含义如下。

"样式"选项:该选项的功能是对文字样式名进行选择、新建、命名和删除。

"字体"选项:该选项的部分功能是选择需要的字体及样式。

在"字体"下拉列表框中,可以选择所要的字体名称。"使用大字体"复选框:不勾选该项时,可以使用计算机系统安装的所有字体;该项只对字体中的矢量字体有效,即在选中所要的矢量字体后才能复选"使用大字体"复选框,然后再选"大字体"下拉列表中的字体。使用或不使用大字体对所选字体的英文和数字的书写效果没有影响,但对汉字的书写效果有影响。

"大小"选项:用于设置文字的高度,其默认值是0。如果在这里不设置文字的高度,在后面用输入文字时,系统会提示设置文字的高度;如果在这里设置了文字的高度,则以后在用该文字样式输入文字时,系统将按设置的高度值输入文字。

"注释性"复选框的含义与尺寸标注中的【标注样式】对话框内"主

单位"选项卡"比例因子"含义相同。

"效果"选项：用于设置文字的效果，有三个复选框："颠倒""反向"和"垂直"；"宽度比例"是设置字体的宽度和高度的比例，建筑制图要求为仿宋体，其字体宽度约为高度的2/3，因此宽度比例设为0.7～0.8为合适。

"倾斜角度"是指文字的倾斜角，0为不倾斜，正值表示右倾，负值表示左倾。

在完成上述设置，并对其预览的效果满意后，单击"应用"按钮，如果要立即使用，还应单击"置为当前"按钮，再单击"关闭"按钮，所设置的样式就成为随后要输入文字的样式。

注意：如果已经使用一个文字样式名输入了文字，现在要对其字体的设置进行修改，可以打开"文字样式"对话框，在"样式名"下拉列表中选中该样式名，然后在"字体"和"效果"选项中修改设置，这样就可以对用该样式名所输入的所有文字进行修改。[①]

二、单行文本标注

单行文本用于在图中输入单行文字，在输入完一行文字后，按回车键可以输入第二行。每一行文字是一个对象，对它可以进行单独编辑。

首先对样式名为"Standard"的文字样式进行修改，方法是：在"文字样式"对话框中SHX字体选项中，选中字体名为"gbeitc.shx"的字体；勾选"使用大字体"复选框，在大字体选项中，选中"gbcbig.shx"字体，字高为"0"宽度比例为1.0，设置后，单击"应用"按钮，完成设置。

（一）命令执行形式

菜单栏："绘图"→"文字"→"单行文字"。

功能区：在"默认"选项卡"注释"面板中，单击"文字"下三角，选择

---

①郭琳，陈梓霖. AutoCAD在室内设计中的应用[J]. 电脑编程技巧与维护，2019(12)：153-154+168.

"单行文字"按钮。

命令行：DTEXT（或 DT）

（二）操作步骤

命令：DT

当前文字样式："Standard"

文字高度：2.5000

注释性：否

指定文字的起点或[对正（J）/样式（S）]：用鼠标指定输入文字起点。

指定高度<2.5000>：15

指定文字的旋转角度<0>：文字不旋转。

输入文字：建筑制图知识。

输入文字：单行本。

效果如图6-19所示。

建筑制图知识

单行本

图6-19　单行文字

（三）选项说明

"对正（J）"：用于设置输入文字的对正方式，即文字的什么部分与所选定的文字起点对齐，选择该选项，命令行窗口提示如下。

输入选项[对齐（A）/调整（F）/中心（C）/中间（M）/右（R）/左上（TL）/中上（TC）/右上（TR）/左中（ML）/正中（MC）/右中（MR）/左下（BL）/中下（BC）/右下（BR）]：

对正的方式可以按需要进行选择，如不选择对正的方式，其默认的对正方式是以光标给定的位置为输入文字的起点。选项的含义和效果如图6-20所示。

"样式（S）"：用于确定当前所使用的文字样式。

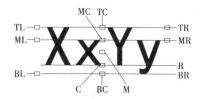

图6-20　文本的对正方式

如果要对一输入的文字进行编辑,可将光标移动到准备编辑的文字上,鼠标左键双击文字,就可对文字进行编辑和修改。

注意:在文字样式的设置中,可以将中文字体与英文字体进行分别设置。绘图标注时,根据需要选用不同的标注样式。如"gbeitc.shx"字体,输入中文时,与标准仿宋字体是一样的。选中"使用大字体"复选框,并在大字体中选中"gbcbig.shx"字体后,写出的中文字体符合制图标准要求的长仿宋字体。但在使用这种字体时,对有些特殊的标注符号不支持所以,建议对尺寸数字和字母进行标注时,将字体设置为"gbeitc.shx"即可;进行汉字的注写时,应选中"使用大字体"复选框,并在大字体中选中"gbcbig.shx"字体。

三、多行文本标注

多行文本用于图中输入多行文字。输入完毕后,所有的文字是一个整体对象,不能对其中的一行或几行文字单独进行编入删除、移动、复制等编辑操作,可以用分解命令将其分解为单行文本后,再进行上述编辑操作。

(一)命令执行形式

菜单栏:"绘图"→"文字"→"多行文字"。

功能区:在"默认"选项卡"注释"面板中,单击"文字"下三角,选择"多行文字"按钮。

命令行:MTEXT(或 MT)

(二)操作步骤

命令:MT

MTEXT当前文字样式:"Standard"

当前文字高度:2.5

注释性:否

指定第一角点:提示给定文字输入位置矩形框的角点,用鼠标给定。

指定对角点或[高度(H)/对正(J)/行距(L)/旋转(R)/样式(S)/宽度(W)]:

当指定第一角点后拖动光标,屏幕上会出现一个动态的矩形框,在矩形框中显示一个箭头符号,用来指定文字的扩展方向,此时直接给定对角点后,将打开【文字编辑器】对话框如图6-21所示。

(三)对话框选项说明

"样式"工具栏:该工具栏具有文字样式和预览工具,在样式栏可以选择已经设置好的文字样式。

"格式"工具栏:该工具栏可以改变字体的形式、颜色、加粗或倾斜等性能,与Office Word软件的操作类似。

"段落"工具栏:该工具栏用于对文字对齐方式、项目编号、行距、段落的对齐方式进行设定,也与Office Word软件的操作类似。

"插入"工具栏:该工具栏主要有文字的"分栏"选项,用于对输入文字的分栏处理;还可以像Office Word软件一样插入特殊符号。

"拼写检查"工具栏:该工具栏主要用于对输入文字的检查。

"工具"工具栏:可以进行文字的"替换查找"的操作,其用法与officeword软件的操作类似。

如果要对输入的文字进行编辑,可用鼠标左键双击要编辑的文字,进入【文字编辑器】对话框,就可以对文字进行编辑和修改。

图6-21 【文字编辑器】对话框

第七章　建筑平面图

建筑平面图的绘制是绘制其他建筑图样的基础,用T20绘制建筑图样应先绘制平面图,绘制平面图通常按照如下顺序进行:①绘制定位轴线;②绘制墙体;③插入门窗、阳台;④插入楼梯、室外台阶或坡道、散水、卫生器具等构件。

本章将按照上述顺序,介绍相关内容,内容的排列顺序也是用T20天正建筑绘制平面图的作图顺序。

第一节　T20天正建筑界面

双击天正建筑的图标,运行软件后,将显示T20天正建筑的操作界面,如图7-1所示。

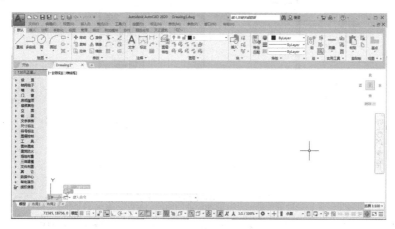

图7-1　天正建筑(T20)操作界面

T20天正建筑的界面与AutoCAD2019的界面高度相似,只是在T20天正建筑的操作界面的左侧多了一个可折叠的屏幕菜单,天正软件的命令运行一般可通过此屏幕菜单直观地来操作。若该屏幕菜单未显示出来,可同时按下键盘上的"Ctrl"和"+"调出屏幕菜单。[①]

第二节　轴　网

轴线是指建筑物中承重构件的定位中心线,T20天正建筑中,将网状分布的轴线称为轴网。用T20天正建筑绘制建筑图,一般先绘出建筑物的轴网,然后再以轴网为基准,通过目标捕捉绘制其他图线,因此绘制轴网是绘制建筑图的第一步,也是非常重要的一步。

一、绘制轴网

在屏幕菜单上单击【轴网柱子】,得到下级菜单,点击【绘制轴网】,弹出如图7-2所示对话框,通过选择其中的"直线轴网"或"圆弧轴网"选项卡进行轴网绘制。

图7-2　"绘制轴网"对话框

①赵冰华,喻骁,胡爱宇,等. 土木工程CAD+天正建筑基础实例教程　第2版[M]. 南京:东南大学出版社,2014.

（一）直线轴网

直线轴网分为正交轴网和斜交轴网,区分标准是看横向和纵向轴线之间的夹角是否为90°。绘制轴网时需要用到开间和进深两个概念,开间是指纵向两个轴线之间的距离,进深是指横向两个轴线之间的距离。下面以图7-3所示的正交轴网为例,表明直线轴网的绘制过程。

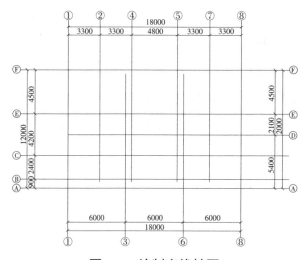

图7-3　绘制直线轴网

操作步骤:

第一,单击【绘制轴网】命令,打开【绘制轴网】对话框,在其中选中"直线轴网"选项卡,如图7-2所示。

第二,输入开间尺寸,由于例图中上部开间尺寸和下部开间尺寸不相同,因此需要分别输入。首先选择"下开",单击右侧输入轴网数据6000,在"个数"内输入3。然后选择"上开",单击右侧输入轴网数据3300、3300、4800、3300、3300。

如果在右侧轴网数据列表框中没有列出要输入的开间数据,还可通过以下两种方法输入开间数据。

（1）在"间距"文本框中输入6000,在"个数"内输入3。

（2）在对话框的下部空白处文本框内输入3*6000,输入时每个数据之间用空格隔开。

这两种方法同样适用于左进深、右进深数据的输入。

第三,输入进深,选择"左进"用上述方法依次输入 900、2400、4200,然后选择"右进"依次输入 5400、2100、4500。

数据输入完毕后,在屏幕的任一位置处单击,则在绘图区得到如图 7-3 所示的轴网。应特别注意:在"开间尺寸"的数据输入时,数据序列要遵循"从左至右"的原则,而"进深尺寸"的数据输入序列要遵循"从下向上"的原则。

(二)弧线轴网

T20 将由弧线于径向直线组成的定位轴线称为弧线轴网(图 7-4 右端部的轴网)。以图 7-4 所示的弧线轴网为例,表明弧线轴网的绘制过程。

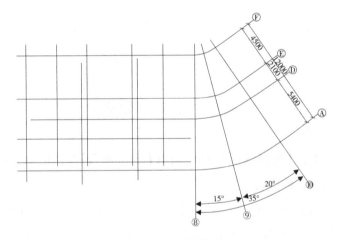

图 7-4　弧线轴网

操作步骤:

第一,点击图 7-1 中的"弧线轴网"选项卡,可见弧线轴网输入对话框,如图 7-5 所示。

图7-5 "弧线轴网"对话框

第二,输入进深尺寸,弧线轴网的进深是轴网的径向尺寸。选择"进深"单击右侧输入轴网数据4500、2100、5400。注意:弧线轴网的进深数据输入时,应按照从上到下的序列原则输入,这与直线轴网的进深数据输入序列是不一样的。

第三,输入开间尺寸,弧线轴网的开间是轴网的周向尺寸,用度作单位。选择"夹角"单击右侧输入轴网15、20。注意:数值的输入顺序要与对话框中的"■"(逆时针)图形相匹配。

第四,在"起始角"中输入-90。"起始角"是指x轴正向到起始径向轴线的夹角(按旋转方向定)。

第五,在"内弧半径"中输入4000。"内弧半径"是指由圆心起算的最内侧环向轴线半径。

第六,单击"共用轴线"按钮,单击直线轴网中最右边纵向的轴线,单击时通过拖动弧线轴网确定与其他轴连接的方向,从而绘出弧线轴网。

二、轴网标注

轴网标注命令用于轴网的标注,可自动将纵向轴线以数字作轴号,横向轴线以字母作轴号,并生成轴线的尺寸线。当轴网生成后,需要进行轴网标注,以检查轴网尺寸是否正确,下面以图7-6为例表明轴网标注的过程。

操作步骤:

第一,单击【轴网标注】命令,打开【轴网标注】对话框,在其中选中"多轴标注"选项卡,如图7-7所示。

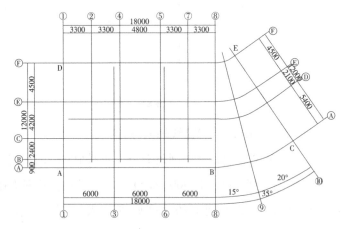

图7-6 轴网标注

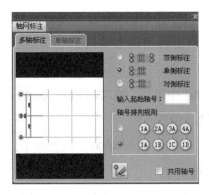

图7-7 "轴网标注"对话框

第二,标注AB段1~8号轴网,选择"双侧标注",此时命令行窗口提示如下。

请选择起始轴线<退出>:选择1号轴线,此时在"输入起始轴号"文本框中的默认起始轴号是1。

请选择终止轴线<退出>:选择8号轴线。

请选择不需要标注的轴线<退出>:回车退出。

第二,标注 BC 段圆弧轴网,选择"单侧标注",此时命令行窗口提示如下。

请选择起始轴线<退出>:选择 8 号轴线,此时在"输入起始轴号"文本框中的起始轴号是 8。

请选择终止轴线<退出>:选择 10 号轴线。

是否按逆时针方向排序编号?[是(Y)/否(N)]<Y>:Y

请选择不需要标注的轴线<退出>:回车退出。

第三,标注 AD 段 A~F 号轴线,选择"单侧标注",此时命令行窗口提示如下。

请选择起始轴线<退出>:选择 A 号轴线,此时在"输入起始轴号"文本框中的默认起始轴号是 A。

请选择终止轴线<退出>:选择 F 号轴线。

请选择不需要标注的轴线<退出>:回车退出。

第四,标注 CE 段 A~F 号轴线(按倾斜轴标注),选择"对侧标注",此时命令行窗口提示如下。

请选择起始轴线<退出>:选择 A 号轴线,此时在"输入起始轴号"文本框中的默认起始轴号是 A。

请选择终止轴线<退出>:选择 F 号轴线。

请选择不需要标注的轴线<退出>:回车退出。

完成轴网标注。

三、添加轴线

添加轴线的功能与 AutoCAD 中的偏移命令基本相同,用以添加与已有轴线平行的轴线,同时根据要求选择赋予新的轴号,把新轴线和轴号一起融入到原有轴号系统中。下面以图 7-8 所示的添加轴线过程为例表明添加轴线的方法。

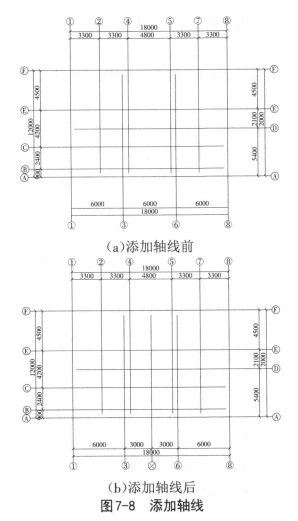

（a）添加轴线前

（b）添加轴线后

图 7-8 添加轴线

操作步骤：

单击【添加轴线】命令，此时命令行窗口提示如下。

选择参考轴线<退出>：选择 3 号轴线。

新增轴线是否为附加轴线？[是（Y）/否（N）]<N>：Y，通常增加的轴线为附加轴线。

是否重排轴号？[是（Y）/否（N）]<Y>：N，若增加的轴线不是附加轴线，这里要选择"Y（是）"。

距参考轴线的距离<退出>3000，输入距离时，光标向右移动即在 3

号轴线右侧添加一道轴线,同理,光标向左移动在3号轴线左侧添加一道轴线。

四、轴线裁剪

轴线裁剪命令一次可以裁剪多根轴线的长度,同样也可以应用AutoCAD中的修剪命令进行操作,但与修剪命令不同的是轴线裁剪命令提供了更丰富的修剪方式。下面以图7-9所示的轴线裁剪编辑过程为例讲述轴线裁剪的方法。

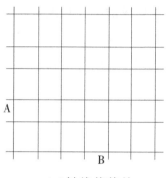

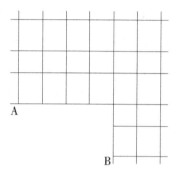

（a）轴线裁剪前　　　　　　　　（b）轴线裁剪后

图7-9　轴线裁剪

单击【轴线裁剪】命令,系统默认为矩形裁剪,此时命令行窗口提示如下。

矩形的第一个角点或[多边形裁剪(P)/轴线对齐(F)]<退出>:选择A点。

另一个角点<退出>:选择B点。

结果如图7-9(b)所示。下面对命令的操作参数进行说明。

第一,多边形裁剪(P)。

矩形的第一个角点或[多边形裁剪(P)/轴线对齐(F)]<退出>:P

多边形的第一点<退出>:选择多边形第一点。

下一点[回退(U)]<封闭>:……

下一点[回退(U)]<封闭>:回车自动封闭多边形结束裁剪。

第二,轴线对齐(F)。

矩形的第一个角点或[多边形裁剪(P)/轴线对齐(F)]<退出>:F

请输入裁剪线的起点或选择一裁剪线:单击裁剪线起点。

请输入裁剪线的终点:单击裁剪线的终点。

请输入一点以确定裁剪的是哪一边:单击轴线被裁剪的一侧结束裁剪。

五、轴线改型

轴线改型命令是将先前绘制轴网命令生成的轴线从默认状态下的实线线型改为单点划线线型,是实线在点划线和连续线之间的转换。例如在已绘制的图7-3轴网情况下,单击【轴线改型】,轴线自动改为单点划线,结果如图7-10所示。

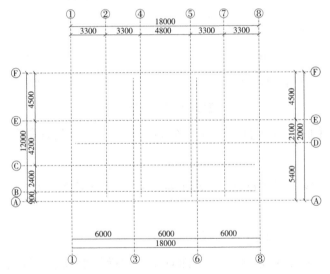

图7-10　轴线改型结果

六、添补轴号

添补轴号功能是对轴网中新增加的轴线添加轴号,新添加的轴号与原有的轴号进行关联,适合为以其他方式增添或修改轴线后进行的轴号标注。下面以图7-11所示的添补轴号绘制过程为例讲述添补轴号的方法。

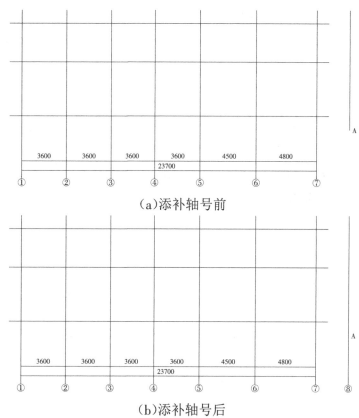

（a）添补轴号前

（b）添补轴号后

图 7-11　添补轴号

操作步骤：

单击【添补轴号】命令,此时命令行窗口提示如下。

请选择轴号对象<退出>:选择2。

请点取新轴号的位置或[参考点（R）]<退出>:点取 A 点。

新增轴号是否双侧标注？[是（Y）/否（N）]<Y>:N

新增轴号是否为附加轴号？[是（Y）/否（N）]<Y>:N

是否重排轴号？[是（Y）/否（N）]<Y>:Y

则添补⑧轴号,如图 7-11 所示。注意:添补轴号命令只是添加了轴号,但并未对原有的轴网标注造成改变,这与"添加轴线"的结果是不同的。

七、删除轴号

删除轴号命令用于删除不需要的轴号,可支持一次框选删除多个轴号,并可根据需要决定是否调整轴号。下面以图7-12所示的删除轴号编辑过程为例讲述删除轴号的方法。

操作步骤:

单击【删除轴号】命令,此时命令行窗口提示如下。

请框选轴号对象<退出>:选择2轴号左上侧。

请框选轴号对象<退出>:选择4轴号右下侧。

是否重排轴号?[是(Y)/否(N)]<Y>:Y

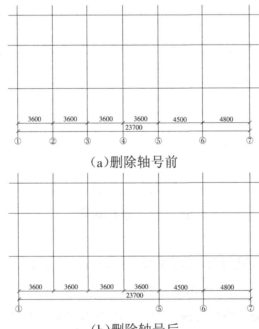

(a)删除轴号前

(b)删除轴号后

图7-12 删除轴号

八、重排轴号

重排轴号的功能是在所选的轴号系统中,从选择的某个轴号位置开始对轴号系统按输入的新轴号重新排序,在新轴号左(或下)方的轴号不受影响。下面以图7-13所示的重排轴号绘制过程为例讲述重排轴号的方法。

操作步骤：

单击轴号系统，右键单击打开右键快捷菜单，选择【重排轴号】命令，此时命令行窗口提示如下。

请选择需重排的第一根轴号<退出>：选5

请输入新的轴号（空号）<5>：3

结果如图7-13所示。

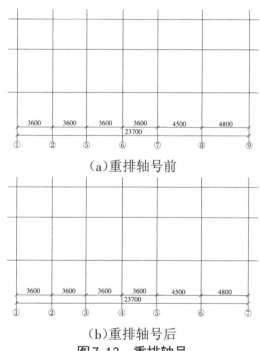

（a）重排轴号前

（b）重排轴号后

图7-13　重排轴号

九、倒排轴号

倒排轴号的功能是可以改变某一组轴线编号的排序方向，改组编号将自动进行排序，同时影响以后该轴号系统的排序方向。下面以图7-14所示的倒排轴号绘制过程为例讲述倒排轴号的方法。

操作步骤：

单击轴号系统，右键单击打开右键快捷菜单，选择【到排轴号】命令,命令执行后的结果如图7-14所示。

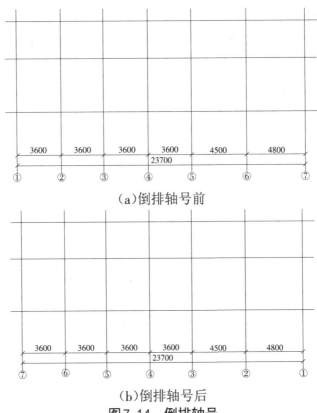

（a）倒排轴号前

（b）倒排轴号后

图7-14　倒排轴号

十、主附转换

主附转换命令是可以把主要轴线编号变为附加轴线编号,同样也可把附加轴线编号变为主要轴线编号,同时可选择对轴号系统进行重新编号。下面以图7-15所示的主附转换过程为例讲述主附转换的方法。

操作步骤:

单击【主附转换】命令,此时命令行窗口会提示"请选择需主号变附的轴号或(输入具体数值)";框选需要进行主号变附的轴号;按回车键;主附转换完成。

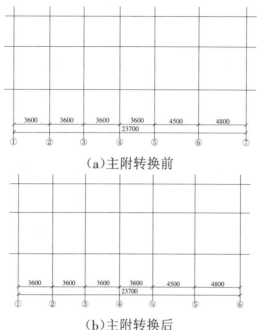

（a）主附转换前

（b）主附转换后

图7-15　轴号的主附转换

十一、轴号夹点编辑

轴号对象有夹点,可以通过拖曳夹点的方式对轴号的相对位置进行编辑,并能对轴号进行偏移、删除和修复等操作。下面以图7-16（a）所示的情况为例讲述轴号夹点编辑的方法。在图7-16（a）中,轴号2与轴号3出现重叠现象,需要将其进行轴号外偏。

操作步骤:

单击轴号系统,出现夹点,单击轴号内A处的夹点向左外偏,轴号内B处的夹点向右外偏,结果如图7-16（b）所示。

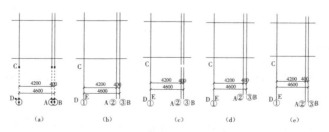

图7-16　轴号夹点编辑图

若单击1轴引出线C处的夹点进行移动,则改变整体轴号位置,如图7-16(c)所示;若单击D处的夹点进行移动,则改变整体轴号位置但不改变轴线引线长度,如图7-16(d)所示;若单击1轴E处的夹点进行移动,则改变轴号1的位置,如图7-16(e)所示。[①]

第三节　柱子的创建与编辑

柱子是建筑物中起主要支撑作用或装饰作用的结构构件,分为标准柱、角柱、异形柱、构造柱。其中,前三种柱主要应用于钢筋混凝土结构、钢结构和组合结构中,构造柱主要应用于砌体结构中。

一、标准柱

标准柱的功能是在轴线交点处或任意位置处插入矩形、圆形、正三角形、正五边形、正六边形直到正十二边形的断面柱。下面以图7-17所示的标准柱绘制过程为例讲述标准柱的绘制方法。

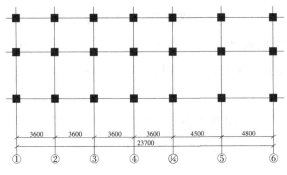

图7-17　标准柱图

操作步骤:

第一,单击【标准柱】命令,弹出如图7-18所示对话框,选择其中的

①官文娟,张静. 基于AutoCAD软件的智能建筑环境空间结构设计[J]. 现代电子技术,2019,42(20):173-176.

"标准柱"选项卡,再选择"矩形"选项卡,对柱参数进行输入和设置。

[横向]柱子横向尺寸,可通过直接输入数据或上下箭头选定,这里输入600。

[纵向]柱子纵向尺寸,可通过直接输入数据或上下箭头选定,这里输入600。

[柱高]柱子高度尺寸,可通过直接输入数据或上下箭头选定,这里输入3000。

[转角]旋转角度在矩形轴网中以x轴为基准线,旋转角度在弧线轴网中以环向弧线为基准线,自动设置为逆时针为正,顺时针为负,这里保持转角为0。

[材料]可在下拉菜单中获得柱子的材料,包括砖、耐火砖、石材、毛石、混凝土、钢筋混凝土和金属,这里选择钢筋混凝土。

[插入点]默认插入点是柱的中心点,可以通过柱预览图右(下)标尺栏中输入数值来控制插入点到柱边(矩形柱)或柱顶点(圆形柱、多边形柱)的距离,如图7-18所示。

第二,插入柱子。插入柱子的方式有以下几种。

[点选插入柱子]捕捉轴线交点插入柱子,没有轴线交点时在所选点位置插入柱子,命令行窗口提示如下。

点取位置或[转90度(A)/左右翻(S)/上下翻(D)/对齐翻(F)/改转角(R)/该基点(T)/参考点(G)]:本例选择的方式。

[沿着一根轴线布置柱子]沿着一根轴线布置柱子,位置在所选轴线与其他轴线相交点处,命令行窗口提示如下。

请选择一根轴线<退出>:

[矩形区域布置]制定矩形区域内轴线交点插入柱子,命令行窗口提示如下。

第一个角点<退出>:选择一个角点。

另一个角点<退出>:框选另一个对角点。

对对话框内其他控件的说明如下。

[替换已插入柱]用于批量修改柱子,包括柱子类型之间的转换,以对话框内当前参数柱子替换图上已有的柱子。

[删除柱子]将不需要的柱子批量删除。

[异形柱]把图中闭合的多段线转换为柱截面。

[构件标准库]天正提供的钢柱和工字形混凝土柱的标准截面形式,该控件适用于图7-18中的"异形柱"选项卡。

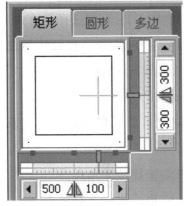

图7-18　标准柱对话框

二、角柱

角柱是在墙角插入形状与墙一致的柱子,可改变柱子各肢长度以及各分肢的宽度,生成的角柱与标准柱类似,每一边都有可调整长度和宽度的夹点,可以方便地按要求修改。下面以图7-19所示角柱绘制过程为例讲述角柱的绘制方法。

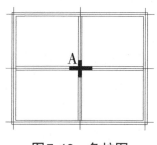

图7-19　角柱图

操作步骤:

第一,单击【角柱】命令,命令行窗口提示如下。

请选取墙角或[参考点(R)]点<退出>:点取墙角A

弹出【转角柱参数】对话框,如图7-20所示,对角柱参数进行输入和设置。

[材料]可在下拉菜单中获得柱子的材料,包括砖、耐火砖、石材、毛石、混凝土、钢筋混凝土和金属,这里选择钢筋混凝土。

[长度]输入角柱各肢长度,可直接输入数值也可通过下拉菜单确定。本例中角柱各分肢长度取值如图7-20所示。

[宽度]角柱各肢宽度默认等于墙宽,改变主宽后默认为对中变化,对于要求偏心变化时,在完成角柱插入后以夹点方式进行修改。本例均取默认值240。

[取点X]其中X为A、B、C、D各分肢,按钮的颜色对应墙上的分肢,确定柱分肢在墙上的长度。

第二,单击"确定",结果如图7-20所示。

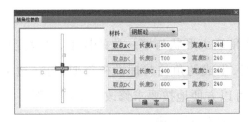

图7-20 "转角柱参数"对话框

三、构造柱

构造柱命令可以在墙角交点处或墙体内插入构造柱,依照所选择的墙角形状为基准,输入构造柱的具体尺寸,指出对齐方向,默认为钢筋混凝土材质。目前本命令还不支持在弧墙交点处插入构造柱。下面以图7-21所示构造柱绘制过程为例讲述构造柱的绘制方法。

图7-21 构造柱图

操作步骤:

第一,单击【构造柱】命令,命令行窗口提示如下。

请选取墙角或[参考点(R)]<退出>:点取墙角A。

弹出【构造柱参数】对话框,如图7-22所示,对构造柱参数进行输入和设置。

[A-C尺寸]沿着A-C方向的构造柱尺寸,可直接输入数值也可通过下拉菜单确定。若构造柱位于墙角则该尺寸不能超过墙厚,若位于墙中则可超过墙厚。本例选择240。

[B-D尺寸]沿着B-D方向的构造柱尺寸,数值输入方法和要求与A-C方向的要求一样。本例选择240。

[A/C与B/D]对齐边互锁按钮,用于对齐柱子到墙的两边。本例选择A和D。

第二,单击"确定",结果如图7-22所示。

操作提示:构造柱本身的大小只能通过夹点编辑的方法加以改变。默认的构造柱材料为钢筋混凝土,若想改变其材料,需插入构造柱后,对其单击右键打开右键快捷菜单,选择【对象编辑】进行其材料的更改。

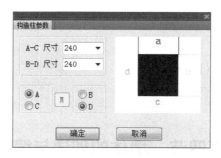

图7-22 "构造柱参数"对话框

四、柱齐墙边

本命令将柱子边与指定墙边对齐,可一次选多个柱子一起完成墙边对齐,条件是各柱都在同一墙段,且对齐方向的柱子尺寸相同。下面以图7-23所示柱齐墙边图为例讲述柱齐墙边的绘制方法。

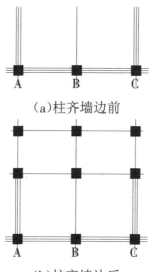

(a)柱齐墙边前

(b)柱齐墙边后

图7-23 柱齐墙边图

操作步骤：

单击【柱齐墙边】命令，命令行窗口提示如下。

请点取墙边<退出>：点取 A 侧下边的外墙，作为柱子对齐基准的墙边

选择对齐方式相同的多个柱子<退出>：选择 A、B、C 三个柱子。

请点取柱边<退出>：点取 A、B、C 柱子中任一柱的下部边界作为对齐边。

结果如图 7-23（b）所示。[①]

第四节　墙体的创建与编辑

墙体是建筑物中非常重要的组成部分，也是天正建筑软件中的核心对象，它模拟实际墙体的专业特性构建而成，因此可实现墙角的自动修剪、墙体之间按材料特性连接、与柱子和门窗互相关联等智能特性，并且墙体是建筑房间的划分依据，因此理解墙对象的概念非常重要。墙对象不仅包含位置、高度、厚度这样的几何信息，还包括墙类型、材料、内外墙这样的内在属性。

天正建筑软件定义的墙体按用途分为以下几类，可由对象编辑改变。

一般墙：包括建筑物的内外墙，参与按材料的加粗和填充。

虚墙：用于空间的逻辑分隔，以便于计算房间面积。

卫生隔断：卫生间洁具隔断用的墙体或隔板，不参与加粗填充与房间面积计算。

矮墙：表示在水平剖切线以下的可见墙如女儿墙，不会参与加粗

---

①邹锦波. 基于 AutoCAD 特点的图形绘制技巧[J]. 山东农业工程学院学报，2019，36（02）：29-31.

和填充。矮墙的优先级低于其他所有类型的墙,矮墙之间的优先级由墙高决定,不受墙体材料控制。

一、绘制墙体

在屏幕菜单上单击【墙体】,得到下级菜单,点击【绘制墙体】,弹出如图7-24所示对话框,在对话框中可以设定墙体参数,可直接使用"直墙""弧墙"和"矩形布置"三种方式绘制墙体对象,墙线相交处自动处理,墙宽随时定义、墙高随时改变,在绘制过程中墙端点可以回退,使用过的墙厚参数在数据文件中按不同材料分别保存。下面以图7-25所示绘制墙体图为例讲述墙体的绘制方法。

操作步骤:

第一,单击【绘制墙体】命令,弹出图7-24对话框,选择"墙体"选项卡。

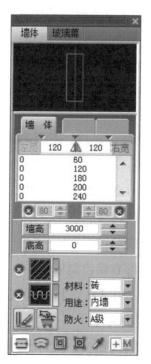

图7-24 "绘制墙体"对话框

对话框中的控件功能说明如下。

[墙宽参数]包括"左宽""右宽"两个参数,其中墙体的左、右宽度,指沿墙体定位点顺序,基线左侧和右侧部分的宽度,其数值都可以是正数,也可以是负数,也可以为零。(墙体的"左"和"右"的方向,可以通过墙体绘制的前进方向的"左"和"右"来更加方便的判断出)

[墙宽组]在数据列表预设有常用的墙宽参数,每一种材料都有各自常用的墙宽组系列供选用,可以对其中数据进行增加或删除。

[保温层]点击按钮中的"×"号,激活该功能,则在绘制墙体时给墙体加上保温层,保温层的厚度可以直接输入或上下箭头选定。"×"号在左边代表在墙体的"左"侧加保温层,反之在"右"侧加保温层,"左"和"右"与墙宽参数的设定一样。若想消除保温层,双击墙体,把该按钮从激活状态变为关闭状态(颜色变灰)。

[高度]/[底高]高度是墙高,从墙底到墙顶计算的高度,底高是墙底标高,可单击输入或上下箭头选定高度数据。

[材料]包括砖、耐火砖、石材、毛石、混凝土、钢筋混凝土、填充墙、空心砖、加气块和石膏板,按材质的密度预设了不同材质之间的遮挡关系,通过下拉菜单选定。

[用途]包括外墙、内墙、分户墙、卫生隔断、虚墙和矮墙,通过下拉菜单选定。

[防火]包括无、A级、B1级、B2级和B3级,通过下拉菜单选定。

(绘制直墙):绘制直线墙体。

(绘制弧墙):绘制弧线墙体。

(矩形绘墙):利用矩形直接绘制墙体。

第二,选中【左宽】为250,【右宽】为120,【高度】为3000,【底高】为0,【材料】为砖,在【用途】中为外墙。

第三,选中【绘制直墙】按钮,命令行窗口提示如下。

起点或[参考点(R)]<退出>:点取 A

直墙下一点或[弧墙(A)/矩形画墙(R)/闭合(C)/回退(U)]<另一段>：C

直墙下一点或[弧墙(A)/矩形画墙(R)/闭合(C)/回退(U)]<另一段>：D

直墙下一点或[弧墙(A)/矩形画墙(R)/闭合(C)/回退(U)]<另一段>：A

弧墙终点或[直墙(L)/矩形画墙(R)]<取消>：E

点取弧上任意点或[半径(R)]<取消>：F

弧墙终点或[直墙(L)/矩形画墙(R)]<取消>：L

直墙下一点或[弧墙(A)/矩形画墙(R)/闭合(C)/回退(U)]<另一段>：G

直墙下一点或[弧墙(A)/矩形画墙(R)/闭合(C)/回退(U)]<另一段>：A

弧墙终点或[直墙(L)/矩形画墙(R)]<取消>：B

点取弧上任意点或[半径(R)]<取消>：H

弧墙终点或[直墙(L)/矩形画墙(R)]<取消>：L

直墙下一点或[弧墙(A)/矩形画墙(R)/闭合(C)/回退(U)]<另一段>：A

绘制结果为外墙。

第四，选中【左宽】为120，【右宽】为120，【高度】为3000，【底高】为0，【材料】为砖，在【用途】中为内墙。

第五，选中【绘制直墙】按钮，命令行窗口提示如下。

起点或[参考点(R)]<退出>：点取D

直墙下一点或[弧墙(A)/矩形画墙(R)/闭合(C)/回退(U)]<另一段>：B

绘制结果为内墙D-B，如图7-25所示。

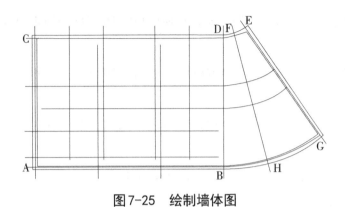

图 7-25　绘制墙体图

二、等分加墙

等分加墙命令用于在已有的大房间按等分的原则划分出多个小房间。将一段墙在纵向等分，垂直方向加入新墙体，同时新墙体延伸到给定边界。下面以图 7-26 所示等分加墙图为例讲述等分加墙的绘制方法。

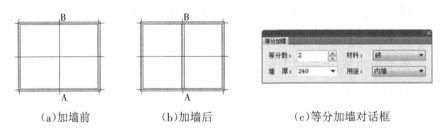

（a）加墙前　　　　（b）加墙后　　　　（c）等分加墙对话框

图 7-26　等分加墙图

操作步骤：

第一，单击【等分加墙】命令，命令行窗口提示为如下。

选择等分所参照的墙段<退出>：选择图 7-26（a）中的点 A。

随即显示对话框，如图 7-26（c）所示，对等分加墙的参数进行输入和设置。

[等分数]为需要加入的墙体段数加 1，数值可直接输入或上下箭头选定，本例数值为 2。

[墙厚]确定新加墙体厚度，数值可直接输入或从右侧下拉菜单中

选定,本例取240。

[材料]确定新加墙体材料,从右侧下拉菜单中选定,本例选择砖。

[用途]确定新加墙体的类型,从右侧下拉菜单中选定,本例选择内墙。

第二,在命令行窗口提示如下

选择作为另一边界的墙段<退出>:选择B

命令执行完毕后如图7-26(b)所示。

三、单线变墙

单线变墙有两个功能:①将用AutoCAD绘制的直线、弧线、多段线的单线转为墙体对象,其中墙体的基线与单线相重合。②在基于设计好的轴网创建墙体,然后进行编辑,创建墙体后仍保留轴线,智能判断清除轴线的伸出部分。下面以图7-27所示墙体图为例讲述单线变墙的绘制方法。

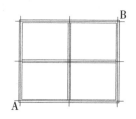

图7-27　单线变墙图

图7-28　【单线变墙】对话框

操作步骤:

第一,单击【单线变墙】命令,弹出【单线变墙】对话框,如图7-28所示,对话框中控件说明如下。

[外墙外侧/内侧宽]为外墙外侧/内侧距离定位线的距离,可直接输入或上下箭头选定,本例外侧输入250,内侧输入120。

[内墙宽]为内墙宽度,定位线居中,可直接输入或上下箭头选定,本例输入240。

[高度/底高]高度是墙高,从墙底到墙顶计算的高度,底高是墙底标高,可单击输入或上下箭头选定高度数据,本例输入3000/0。

[材料]包括砖、耐火砖、石材、毛石、混凝土、钢筋混凝土、填充墙、空心砖、加气块、石膏板和玻璃幕,通过下拉菜单选定,本例选择砖。

[轴线生墙]此项选择后,表示基于轴网创建墙体,本例选择此项。

[单线变墙]此项选择后,表示把直线、弧线、多段线转为墙体。

第二,设置参数后,命令行窗口提示如下。

选择要变成墙体的直线、圆弧、圆或多段线:指定对角点A,B:找到6个。

选择要变成墙体的直线、圆弧、圆或多段线:

处理重线……

处理交线……

识别外墙……

四、幕墙转换

幕墙转换命令的功能是针对普通墙和玻璃幕墙彼此之间可以相互转换,用于节能分析。由于本命令执行方式简单,不做具体实例讲述。

五、倒墙角

倒墙角命令是专门用于处理两段不平行的墙体的端头交角,使两段墙以指定圆角半径进行连接,圆角半径按墙中线计算,应注意以下几点。

第一,当圆角半径不为0时,两段墙体的类型、总宽和左右宽(两段墙偏心)必须相同,否则不进行圆角操作。

第二,当圆角半径为0时,自动延长两段墙体进行连接,此时两墙段的厚度和材料可以不同,当参与倒角两段墙平行时,系统自动以墙间距为直径加弧墙连接。

第三,在同一位置不应反复进行半径不为0的圆角操作,在再次圆角前应先把上次圆角时创建的圆弧墙删除。

倒墙角命令操作方法与AutoCAD的圆角(Fillet)命令相似,具体情况在此不再叙述。

六、倒斜角

倒斜角命令是专门用于处理两段不平行的墙体的端头交角,使两段墙以指定倒角长度进行连接,倒角距离按墙中线计算,应注意以下几点。

第一,当斜角距离不为0时,两段墙体的类型、总宽和左右宽(两段墙偏心)可以不同,能够进行斜角操作。

第二,当斜角距离为0时,自动延长两段墙体进行连接,此时两墙段的厚度和材料可以不同。

第三,在同一位置不应反复进行距离不为0的斜角操作,在再次斜角前应先把上次斜角时创建的斜线墙删除。

倒斜角命令操作方法与AutoCAD的倒角(Chamfer)命令相似,具体情况在此不再叙述。

七、修墙角

修墙角命令功能是对属性完全相同的墙体相交处的清理功能,当用户使用AutoCAD的某些编辑命令,或者夹点拖动对墙体进行操作后,墙体相交处有时会出现未按要求打断的情况,采用本命令框选墙角可以轻松处理,本命令也可以更新墙体、墙体造型、柱子、以及维护各种自动裁剪关系,如柱子裁剪楼梯,凸窗一侧撞墙情况。

由于本命令执行方式简单,不做具体实例讲述。

八、边线对齐

边线对齐命令是将墙偏移到指定的位置,墙边线通过指定的点,可以在同一延长线方向上使多个墙段都对齐,该命令特别适用于"墙包柱"情况,绘制时线沿轴线绘出墙体,然后用边线对齐方法对墙体编辑,实现"墙包柱"。下面以图7-29所示边线对齐为例讲述边线对齐的编辑方法。

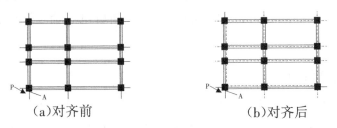

(a)对齐前　　　　　　　　　　(b)对齐后

图7-29　墙体边线对齐图

操作步骤:

第一,单击【边线对齐】命令,命令行窗口提示如下。

请点取墙边应通过的点或[参考点(R)]<退出>:R取墙体边线应通过的点(图中P点)

因为P点在图形外,因此需要调用参考点方式找到该点。

参考点:选择A点

打开正交功能,并把光标向左移动输入数值120。

请点取一段墙<退出>:选择P点附近的纵向墙体。

弹出【请您确认】对话框,单击【是】按钮,重复上述步骤,移动横墙使其墙线通过P点位置,结果如图7-29所示。

九、净距偏移、墙柱保温

净距偏移命令与AutoCAD的偏移命令类似,可以复制双线墙,并自动处理墙端接头,偏移的距离不包括墙体厚的净距。墙柱保温命令可以在墙柱上加入或删除保温墙线。由于命令执行方式简单,不做具体实例讲述。

十、改墙厚

改墙厚命令用于按照墙基线居中的规则批量修改多段墙体的厚

度,但不适合修改偏心墙。下面以图7-30所示的改墙厚图为例讲述改墙厚命令的编辑方法。

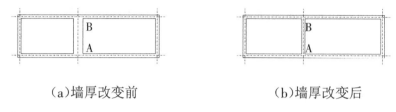

（a)墙厚改变前　　　　　　（b)墙厚改变后

图7-30　改墙厚图

操作步骤：

单击【墙体工具】,弹出下一级子菜单,选取【改墙厚】命令,命令行窗口提示如下。

请选择墙体:选择AB段墙体。

新的墙宽<240>:120

绘制结果如图7-30所示。

十一、改外墙厚

改外墙厚命令用于整体修改外墙厚度,执行本命令前应事先识别外墙或者在绘墙时的"用途"选用外墙进行绘制,否则无法找到外墙进行处理,下面以图7-31所示的改外墙厚图为例讲述改外墙厚命令的编辑方法。

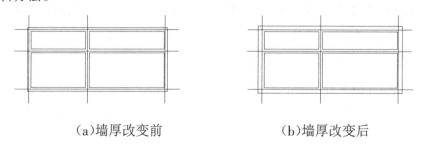

（a)墙厚改变前　　　　　　（b)墙厚改变后

图7-31　改外墙厚图

操作步骤：

单击【改外墙厚】命令,命令行窗口提示如下。

请选择外墙:框选墙体。

内侧宽<120>：

外侧宽<240>：250

操作提示：若墙体绘制时采用"用途"中的外墙进行绘制的，则该外墙厚命令中的外侧宽/内侧宽应对应于墙体绘制的方向（逆时针/顺时针）。

十二、识别内外

识别内外为自动识别内、外墙，同时可设置墙体的内外特征，在节能设计中要使用外墙的内外特征。

单击【识别内外】命令，命令行窗口提示如下。

请选择一栋建筑物的所有墙体（或门窗）：选择构成建筑物的墙体

系统自动判断所选墙体的内、外墙特性，并用红色虚线亮显外墙外边线。[①]

十三、指定内墙

指定内墙将选中的墙体置为内墙。

单击【指定内墙】命令，命令行窗口提示如下。

选择墙体：选取属于内墙的墙体。

十四、指定外墙

指定外墙将选中的普通墙体内外特性置为外墙，除了把墙指定为外墙外，还能指定墙体的内外特性用于节能计算，也可以把选中的玻璃幕墙两侧翻转，适用于设置了隐框（或框料尺寸不对称）的幕墙，调整幕墙本身的内外朝向。

单击【指定外墙】命令，命令行窗口提示如下。

请点取墙体外皮：逐段点取外墙的外皮一侧或者幕墙框料边线，选中墙体的外边线亮显。

---

①刘玥. 提高AutoCAD绘图效率的方法[J]. 电子技术与软件工程,2018(24):41.

第五节 插入门窗

门窗是一种附属于墙体并需要在墙上开启洞口,带有编号的Auto-CAD自定义对象,它包括通透的和不通透的墙洞在内;门窗和墙体建立了智能联动关系,门窗插入墙体后,墙体的外观几何尺寸不变。门窗和其他自定义对象一样可以用AutoCAD的命令和夹点编辑修改,也可通过电子表格检查和统计整个工程的门窗编号。

门窗对象附属在墙对象之上,离开墙体的门窗就将失去意义。按照和墙的附属关系,软件中定义了两类门窗对象:一类是只附属于一段墙体,即不能跨越墙角,对象DXF类型TCH_OPENING;另一类附属于多段墙体,即跨越一个或多个转角,对象DXF类型TCH_COR-NER_WINDOW。前者和墙之间的关系非常严谨,因此系统根据门窗和墙体的位置,能够可靠地在设计编辑过程中自动维护和墙体的包含关系。例如,可以把门窗移动或复制到其他墙段上,系统可以自动在墙上开洞并安装上门窗;后者比较复杂,离开了原始的墙体,可能就不再正确,因此不能向前者那样可以随意的编辑。[1]

一、门窗的创建

门窗是建筑物的重要组成部分,门窗的创建就是在墙上确定门窗的形式和位置。下面以图7-32所示墙体图中插入门窗为例讲述门窗的绘制方法。

操作步骤:

第一,在屏幕菜单上单击【门窗】,得到下级菜单,点击【门窗】命令,弹出如图7-33所示对话框,在对话框中可以设定门窗参数,插入各种门窗。

①齐昕. AutoCAD绘图与出图中的比例关系研究[J]. 科技经济导刊,2018,26(27):41+43.

　　门窗参数对话框下有一工具栏,分隔条左边是定位模式图标,右边是门窗类型图标,对话框上是待创建门窗的参数,由于门窗界面是无模式对话框的,单击工具栏图标选择门窗类型以及定位模式后,即可按命令行提示进行交互插入门窗。以下按工具栏的门窗定位方式从左到右依次说明如下。

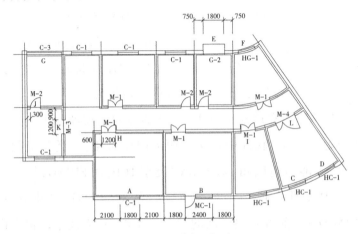

图7-32　插入门窗

图7-33　插窗【窗参数】对话框

　　[自由插入]可在墙段的任意位置插入,速度快但不易准确定位,通常用在方案设计阶段。以墙中线为分界内外移动光标,可控制内外开启方向,按Shift键控制左右开启方向,点击墙体后,门窗的位置和开启方向就完全确定了。

　　[顺序插入]以距离点取位置较近的墙边端点或基线端为起点,按给定距离插入选定的门窗。此后顺着前进方向连续插入,插入过程中可以改变门窗类型和参数。

[轴线等分插入]将一个或多个门窗等分插入到两根轴线间的墙段中间,如果墙段内没有轴线,则按墙段基线等分插入。

[墙段等分插入]在一个墙段上按墙体较短的一侧边线,等分插入若干个门窗。

[垛宽定距插入]以距点取位置最近的墙边线顶点为参考点,按指定距离插入门窗。

[轴线定距插入]以距点取位置最近的轴线的交点为参考点,按指定距离插入门窗。

[按角度定位插入]按给定角度在弧墙上插入直线型门窗。

[按鼠标位置居中或定距插入]按鼠标所在的墙段居中插入门窗,或按照所给的距离轴线的距离插入门窗。

[满墙插入]门窗在门窗宽度方向上完全充满一段墙。

[插入上层门窗]在同一个墙体已有的门窗上方再加一个宽度相同、高度不同的窗,这种情况常常出现在高大的厂房外墙中。

[在已有洞口插入多个门窗]在同一个墙体已有的门窗内再插入其他样式门窗。

[门窗替换]用于批量修改门窗,用对话框内的当前参数,替换图中已经插入的门窗。单击"替换"按钮,对话框右侧出现参数过滤开关,如图7-34所示。若不打算改变某一参数,可去除该参数开关的勾选项,对话框中该参数按原图保持不变。

图7-34 执行门窗替换的【门窗参数对话框】

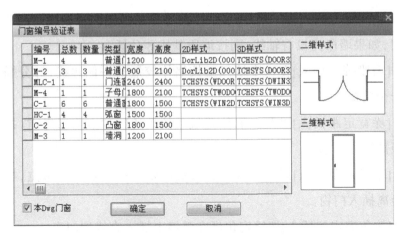

图7-35 门窗编号验证表

[参数拾取]将图中已有的门窗对象的参数提取到门窗对话框中。

单击"查表"按钮,可以随时验证图中已经插入的门窗,如图7-35所示。可单击行首取某个门窗编号,单击"确定"把这个编号的门窗取到当前,注意选择的类型要匹配当前插入的门或者窗,否则会出现"类型不匹配,请选择同类门窗编号!"的警告提示。

第二,选择插A处窗,在图7-33显示的对话框中,在【编号】栏中输入编号C-1,在【窗高】中输入1800,在【窗宽】中输入1500,在【窗台高】中输入900,在"类型"中选择普通窗,在下侧工具栏左侧图标中选择窗的插入方式为【顺序插入】,命令行窗口提示如下。

请选择墙体:选择A处窗所在墙体的外边线。

输入从基点到门窗侧边的距离<退出>:输入轴线与墙线的交点到门窗边的距离2100。

则C-1插入指定位置。

第三,选择插B处门联窗,显示【门联窗】对话框,如图7-36所示,在【编号】栏中输入编号MC-1,在【窗宽】中输入1500,在【门宽】中输入900,在【总宽】中输入2400,在【门高】中输入2400,在下侧工具栏左侧图标中选择的插入方式为【墙段等分插入】,命令行窗口提示如下。

点取门窗大致的位置和开向(Shift-左右开)<退出>:

门窗\门窗组个数(1～2)<1>:1

说明:括号中给出按当前墙段与门窗宽度计算可用个数的范围。

点取门窗大致的位置和开向(Shift-左右开)<退出>:

图7-36 【门联窗】对话框

图7-37 【弧窗】对话框

则MC-1插入指定位置。

第四,选择插C、D处弧线窗,显示【弧窗】对话框,如图7-37所示, 在【编号】栏中输入编号HC-1,在【窗宽】中输入1500,在【窗高】中输入 1500,在【窗台高】中输入900,在【个数】中输入1,在下侧工具栏左侧 图标中选择的插入方式为【轴线等分插入】,命令行窗口提示如下。

点取门窗大致的位置和开向(Shift-左右开)<退出>:

指定参考轴线[S]/门窗或门窗组个数(1～3)<1>:2

说明:括弧中给出按当前轴线间距和门窗宽度计算可以插入的个 数范围;键入S可跳过亮显的轴线,选取其他轴线作为等分的依据,但 要求仍在同一个墙段内。

点取门窗大致的位置和开向(Shift-左右开)<退出>:

则HC-1插入指定位置。

第五,选择插E处凸窗,显示【凸窗】对话框,如图7-38所示,在【编 号】栏中输入编号C-2,在【窗宽】中输入1800,在【窗高】中输入1500,

在【窗台高】中输入600，在【出挑长】中输入600，在"凸窗型式"中选择矩形凸窗，在下侧工具栏左侧图标中选择的插入方式为【轴线等分插入】，命令行窗口提示如下。

点取门窗大致的位置和开向(Shift-左右开)<退出>：

指定参考轴线[S]/门窗或门窗组个数(1~3)<1>：1

点取门窗大致的位置和开向(Shift-左右开)<退出>：

图7-38 【凸窗】对话框

则C-2插入指定位置。

第六，选择插F处弧线窗，在图7-37【弧窗】对话框中，在下侧工具栏左侧图标中选择的插入方式为【按角度定位插入】，命令行窗口提示如下。

点取弧墙<退出>：

门窗中心的角度<退出>：-72.5

点取弧墙<退出>：

则HC-1插入指定位置。

第七，选择插G处窗，在图7-33显示的对话框中，在【编号】栏中输入编号C-3，在【窗高】中输入1500，在【窗台高】中输入900，在下侧工具栏左侧图标中选择窗的插入方式为【满墙插入】，命令行窗口提示如下。

点取门窗大致的位置和开向(Shift-左右开)<退出>：点取G处墙段

则C-3插入指定位置。

第八，选择插H处门，显示【门】对话框，如图7-39所示，在【编号】栏中输入编号M-1，在【门宽】中输入1200，在【门高】中输入2100，在

【门槛高】中输入0,在【个数】中输入1,在"类型"中选择普通门。

单击图7-39中的左侧二维门图形,打开"天正图库管理系统"对话框,在【二维视图】中单击进入天正图库管理系统选择门二维形式,如图7-40所示。

在下侧工具栏左侧图标中选择的插入方式为【轴线定距插入】,在图7-39【距离】中输入600,命令行窗口提示如下。

点取门窗大致的位置和开向(Shift-左右开)<退出>:

点取门窗大致的位置和开向(Shift-左右开)<退出>:

图7-39 【门】对话框

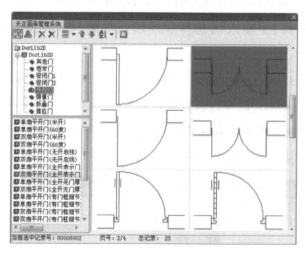

图7-40 门的二维形式

则M-1插入指定位置。

第九,选择插I处门,在图7-39对话框下侧工具栏左侧图标中选择的插入方式为【自由插入】,命令行窗口提示如下。

点取门窗大致的位置和开向(Shift-左右开)<退出>:

点取门窗大致的位置和开向(Shift-左右开)<退出>:

则M-1插入指定位置。

第十,选择插J处门,在图7-39对话框【编号】栏中输入编号M-2,【门宽】中输入900,在【门高】中输入2100,在【门槛高】中输入0,在【个数】中输入1,在"类型"中选择普通门,在图7-40对话框中选择单扇门。

在下侧工具栏左侧图标中选择的插入方式为【垛宽定距插入】,在图7-39【距离】中输入300,命令行窗口提示如下。

点取门窗大致的位置和开向(Shift-左右开)<退出>:

点取门窗大致的位置和开向(Shift-左右开)<退出>:

则M-2插入指定位置。

第十一,选择插K处门洞,显示【洞口】对话框,如图7-41所示,在【编号】栏中输入编号M-3,在【洞宽】中输入1200,在【洞高】中输入2100,在【底高】中输入0,选择穿透墙体功能,在"类型"中选择矩形洞口。

在下侧工具栏左侧图标中选择的插入方式为【垛宽定距插入】,在【距离】中输入900,命令行窗口提示如下。

点取门窗大致的位置和开向(Shift-左右开)<退出>:

点取门窗大致的位置和开向(Shift-左右开)<退出>:

图7-41 【洞口】对话框

图7-42 【子母门】对话框

则M-3插入指定位置。

第十二,选择插L处门,显示【子母门】对话框,如图7-42所示,在【编号】栏中输入编号M-4,在【总门宽】中输入1800,在【大门宽】中输入1200,在【门高】中输入2100,在【门槛高】中输入0,在下侧工具栏左侧图标中选择的插入方式为【轴线等分插入】,命令行窗口提示如下。

点取门窗大致的位置和开向(Shift-左右开)<退出>:

指定参考轴线[S]/门窗或门窗组个数(1~2)<1>:1

点取门窗大致的位置和开向(Shift-左右开)<退出>:

则M-4插入指定位置,绘制结果如图7-32所示。

二、组合门窗

该命令是把使用【门窗】命令插入的多个门窗组合为一个整体的"组合门窗",组合后的门窗按一个门窗编号进行统计。该命令适用于创建在"天正图库管理系统"中没有的门窗形式。下面以图7-43所示的组合门窗为例讲述组合门窗的方法。

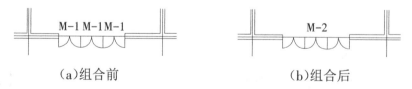

(a)组合前　　　　　　　　(b)组合后

图7-43 组合门窗图

操作步骤:

执行【组合门窗】命令,命令行窗口提示如下。

选择需要组合的门窗和编号文字:选左侧M-1

选择需要组合的门窗和编号文字:选中间M-1

选择需要组合的门窗和编号文字:选右侧M-1

选择需要组合的门窗和编号文字:

输入编号:M-2

命令结果如图7-43所示。

二、带形窗

该命令是可以在一段或连续多段墙上插入带窗,按一个门窗编号进行统计,带形窗转角可以被柱子、墙体造型遮挡。下面以图7-44所示的带形窗为例讲述绘制带形窗的方法。图7-45为带形窗的3D图。

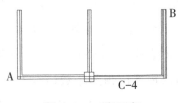

图7-44　带形窗

图7-45　带形窗3D图

图7-46　【带形窗】对话框

操作步骤:

执行【带形窗】命令,弹出【带形窗】对话框,如图7-46所示,在【编号】栏中输入编号C-4,在【窗户高】中输入1500,在【窗台高】中输入900,命令行窗口提示如下。

起始点或[参考点(R)]<退出>:选A点

终止点或[参考点(R)]<退出>:选B点

选择带形窗经过的墙:选择A-B过多个墙段。

选择带形窗经过的墙：

绘制结束后如图 7-44 所示。

三、转角窗

该命令是创建在墙角位置插入窗台高、窗高相同、长度可选的一个角凸窗对象，可输入一个门窗编号。下面以图 7-47 所示的转角窗为例讲述绘制转角窗的方法。图 7-48 为转角窗的 3D 图。

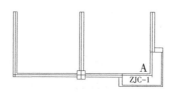

图 7-47 转角窗

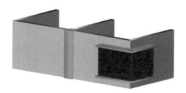

图 7-48 转角窗 3D 图

绘制角窗					
编 号	ZJC-1 ▼	出挑长1	600	延伸1	200
窗 高	1800 ▼	出挑长2	600	延伸2	300
窗台高	600 ▼	□落地凸窗		玻璃内凹	100
☑凸窗	■	□挡板1 □挡板2		挡板厚	100

图 7-49 【转角窗】对话框

操作步骤：

第一，执行【转角窗】命令，弹出【转角窗】对话框，勾选"凸窗"，如图 7-49 所示。

对话框中控件说明如下。

[玻璃内凹]窗玻璃到窗台外缘的退入距离。

[延伸 1]/[延伸 2]窗台板与檐口板分别在两侧延伸出窗洞口外的距

离,常作为空调搁板花台等。

[出挑长1]/[出挑长2]凸窗窗台凸出于墙面外的距离。

[落地凸窗]勾选后,墙内侧不画窗台线。

[挡板1/挡板2]勾选后凸窗的侧窗改为实心的挡板。

[挡板厚]挡板厚度默认100,勾选挡板后可在这里修改。

第二,在【编号】栏中输入编号ZJC-1,在【窗高】中输入1800,在【窗台高】中输入600,【出挑长1/出挑长2】中输入600,【延伸1/延伸2】中输入200/300,【玻璃内凹】中输入100,命令行窗口提示如下。

请选取墙内角<退出>:点取墙内角A点,窗长从内角起算;

转角距离1<1000>:2000当前墙段变虚,输入从内角计算的窗长;

转角距离2<1000>:1500另一墙段变虚,输入从内角计算的窗长;

请选取墙内角<退出>:

绘制结束后如图7-47所示。

四、门窗编号

该命令用于生成或者修改门窗编号,可以删除(隐去)已经编号的门窗,键入S直接按照洞口尺寸自动编号。如果改编号的范围内门窗还没有编号,会出现选择要修改编号的样板门窗的提示,本命令每一次执行只能对同一种门窗进行编号,因此只能选择一个门窗作为样板,多选后会要求逐个确认,对与这个门窗参数相同的为同一个编号,如果以前这些门窗有过编号,即使用删除编号,也会提供默认的门窗编号值。下面以图7-50所示的门窗编号编辑过程为例讲述标注门窗号的方法。

操作步骤:

第一,执行【门窗编号】命令,对A处的门添加门编号,命令行窗口提示如下。

请选择需要改编号的门窗的范围:选A处的门;

请选择需要改编号的门窗的范围:

请输入新的门窗编号[删除编号（E）]<M1521>：M-5

则门窗编号加入，结果如图7-50（b）所示。

第二，执行【门窗编号】命令，命令行窗口提示如下。

请选择需要改编号的门窗的范围：选B、C处的窗；

请选择需要改编号的门窗的范围：

请输入新的门窗编号[删除编号（E）]<C18151>：C-2

则门窗编号改变，结果如图7-50（b）所示。

第三，执行【门窗编号】命令，命令行窗口提示如下。

请选择需要改编号的门窗的范围：选M-1、M-2的门；

请选择需要改编号的门窗的范围：

请选择需要修改编号的样板门窗或[自动编号（S）]：选M-1门

请输入新的门窗编号[删除编号（E）]<M12211>：M-3

请输入新的门窗编号[删除编号（E）]<M0921>：M-4

则门窗编号改变，结果如图7-50（b）所示。

第四，执行【门窗编号】命令，命令行窗口提示如下。

请选择需要改编号的门窗的范围：选C-1、TC-1的窗；

请选择需要改编号的门窗的范围：

请选择需要修改编号的样板门窗或[自动编号（S）]：S

则门窗编号改变，结果如图7-50（b）所示。

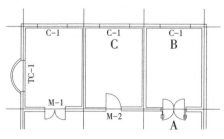

（a）门窗编号原有图

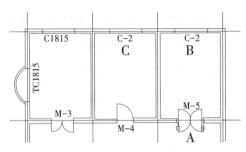

（b）门窗编号修改图

图7-50　门窗编号图

五、门窗表和门窗总表

门窗表命令是用框选方式统计本图中使用的门窗参数，检查后生成符合国标《建筑工程设计文件编制深度规定》样式的标准门窗表。

门窗总表命令是用于统计本工程中多个平面图使用的门窗编号，检查后生成门窗总表，适用于在一个dwg图形文件上存放多楼层平面图的情况，也可指定分别保存在多个不同dwg图形文件上的不同楼层平面。

点取命令后，如果没有建立当前工程或当前工程没有打开，则会出现告警框，提示需要建立工程。

六、门窗的夹点编辑

内外普通门、普通窗都有若干个预设好的夹点，拖动夹点时门窗对象会按预设的行为进行编辑，夹点编辑的缺点是一次只能对一个对象操作，而不能一次更新多个对象。门窗对象提供的编辑夹点功能如图7-51所示。

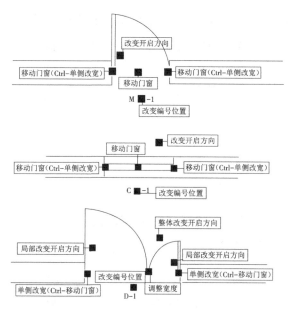

图7-51　门窗夹点功能

七、内外翻转和左右翻转

内外翻转命令是把要翻转的门窗,统一以墙中线为轴线进行翻转,适用于一次处理多个门窗的情况,方向总是与原来相反。

左右翻转命令是把要翻转的门窗,统一以门窗中垂线为轴线进行翻转,适用于一次处理多个门窗的情况,方向总是与原来相反。

八、编号复位

编号复位命令是把通过夹点编辑方法改变过位置的门窗编号恢复到默认位置。

操作步骤:

单击【门窗工具】,执行【编号复位】命令,命令行窗口提示如下。

选择编号待复位的门窗:点选或窗选门窗

选择编号待复位的门窗:

九、门窗套

门窗套的功能是对外墙窗或者门连窗两侧添加向外突出的墙垛,

三维显示为四周加全门窗框套,其中可单击选项删除添加的门窗套。下面以图7-52所示的门窗套绘制过程为例讲述绘制门窗套的方法。

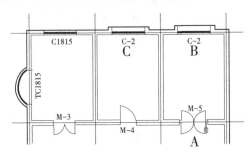

图7-52　门窗套图

图7-53　【门窗套】对话框

操作步骤:

单击【门窗工具】,执行【门窗套】命令,弹出【门窗套】对话框,如图7-53所示,定义【伸出墙长度】为200,定义【门窗套宽度】为200,材料选择"同相邻墙体"。命令行窗口提示如下。

请选择外墙上的门窗:选择要加门窗套的窗B、C。

请选择外墙上的门窗:

点取窗套所在的一侧:选择窗外侧。

绘制结束后如图7-52所示。消门窗套的命令行交互与加门窗套类似,不再讲述。

注意:门窗套命令不用于内墙门窗,内墙的门窗套是附加装饰物,由专门的【加装饰套】命令完成。

十、加装饰窗套

加装饰套命令用于添加装饰门窗套线,可选择各种装饰风格和参数的装饰套。其细致地描述了门窗附属的三维特征,包括各种门套线与筒子板、檐口板和窗台板的组合,主要用于室内设计的三维建模和立、剖面图中的门窗部分。下面以图7-54所示的装饰套绘制过程为例讲述绘制装饰套的方法。

操作步骤:

第一,单击【门窗工具】,执行【加装饰套】命令,弹出【门窗套设计】对话框,如图7-55所示,在形影的栏目中给出截面的形式和尺寸参数。

第二,单击【确定】按钮,进入绘图区域,命令行窗口提示如下。

选择需要加门窗套的门窗:点取窗C1815;

选择需要加门窗套的门窗:

点取室内一侧<退出>:选内侧

绘制结果如图7-54所示。

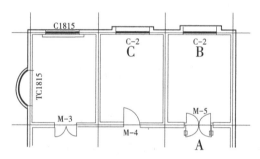

图 7-54　加装饰套图

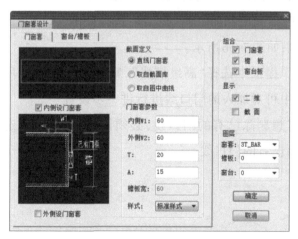

图 7-55　【门窗套设计】对话框

十一、加门口线

加门口线命令是在平面图上指定的一个或多个门的某一侧添加门口线,也可以一次为门加双侧门口线,表示门槛或者门两侧地面标高不同,门口线是门的对象属性之一,因此门口线会自动随门移动。下面以图7-56所示的门口线绘制过程为例讲述加门口线的方法。

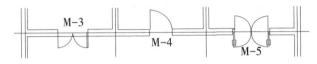

图7-56　门口线图

图7-57　门口线对话框

操作步骤:

单击【门窗工具】,执行【加门口线】命令,命令行窗口提示如下。

选择要加减门口线的门窗或[高级模式(Q)]<退出>:选取门M-3

选择要加减门口线的门窗或[高级模式(Q)]<退出>:

请点取门口线所在的一侧<退出>:选择外侧

绘制结果如图7-56所示。

若在操作提示中选择"高级模式",则弹出如图7-57所示对话框,在该对话框中可对加入的门口线进行进一步设置。

注意:若想删除已有的门口线,必须调出该对话框,选取"消门口线"才能删除已有的门口线。

第六节　房间和屋顶

这节中主要讲述房间的布置方法,卫生器具的创建和编辑。

一、加踢脚线

加踢脚线命令能自动搜索房间轮廓,按用户选择的踢脚截面生成二维和三维一体的踢脚线,门和洞口处自动断开,可用于室内装饰设计建模,也可以作为室外的勒脚使用。下面以图7-58所示的加踢脚线过程为例讲述加踢脚线的方法。

操作步骤:

第一,单击【房间屋顶】,得到下级菜单,点击【房间布置】,执行【加踢脚线】命令,显示如图7-59所示的对话框,其中的控件说明如下。

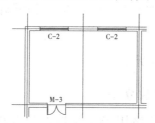

图7-58　加踢脚线图

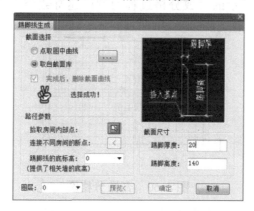

图7-59　【踢脚线生成】对话框

[取自截面库]点取本选项后,用户单击右边"..."按钮进入踢脚线图库,在右侧预览区双击选择需要的截面样式。

[点取图中曲线]点取本选项后,用户单击右边"<"按钮进入图形中选取截面形状。

[拾取房间内部点]单击右侧按钮,在绘图区房间内单击选取。

[连接不同房间的断点]如果房间之间的门洞是无门套的做法,应该连接踢脚线断点。

[踢脚线的底标高]输入踢脚线的底标高,在房间内有高差时在指定标高处生成踢脚线。

[截面尺寸]截面的高度和厚度尺寸,默认为选取的截面的实际尺寸。

第二,在【取自截面库】右侧单击,选择需要的界面形状,在【拾取房间内部点】右侧单击按钮,选取房间内部点,在【踢脚线的底标高】中设定0.0,在【踢脚线厚度】中设定为20,在【踢脚高度】中设定为100,单击【确定】按钮完成操作。

绘制结果如图7-58所示。①

二、奇数分格和偶数分格

奇数分格和偶数分格用于绘制按奇数分格的地面或天花平面。下面以图7-60所示的奇数分格过程为例讲述奇数分格的方法。

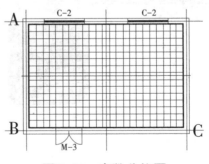

图7-60　奇数分格图

---

①王波．AutoCAD中块命令的应用[J]．安徽电子信息职业技术学院学报,2018,17(04):29-32.

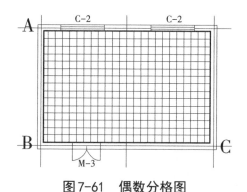

图7-61　偶数分格图

操作步骤:

单击【奇数分格】命令,命令行窗口提示如下。

请用三点定一个奇数分格的四边形,第一点<退出>:选取 A 内角点

第二点<退出>:选取 B 内角点;

第三点<退出>:选取 C 内角点;

第一、二点方向上的分格宽度(小于100为格数)<500>:300

第二、三点方向上的分格宽度(小于100为格数)<300>:300

完成房间奇数分格,在房间中用直线绘出按奇数分格的地面或天花平面且在房间中心位置出现对称轴,分格效果如图7-60所示。偶数分格的操作与奇数分格的操作完全一致,只是分格是偶数,并且在房间中心位置无对称轴出现,因此不在讲述,其分格效果如图7-61所示。

三、布置洁具

布置洁具命令可按选取的洁具类型的不同,从洁具图库调用二维天正图块对象,沿墙和单墙线布置卫生洁具等设施,并且支持洁具沿弧墙布置,洁具布置默认参数依照国家标准《民用建筑设计通则》中的规定。下面以图7-62所示的布置洁具过程为例讲述布置洁具的方法。

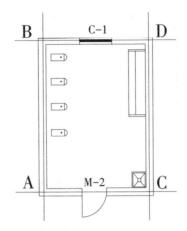

图7-62　布置洁具图

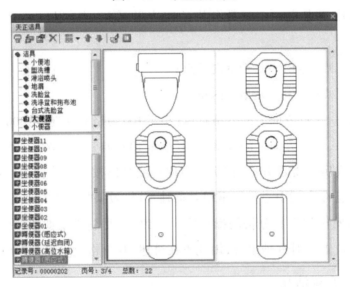

图7-63　【天正洁具】对话框

图7-64　【布置蹲便器(感应式)】对话框

操作步骤：

第一，单击【房间屋顶】中的【房间布置】，点取【布置洁具】，打开【天正洁具】对话框，如图7-63所示。

第二，单击【大便器】，右侧双击选定的大便器，打开【布置蹲便器（感应式）】对话框，如图7-64所示。对话框中各控件说明如下。

[初始间距]侧墙和背墙同材质时，第一个洁具插入点与墙角点的默认距离。

[设备间距]插入的多个卫生设备的插入点之间的间距。

[离墙间距]插入点距墙边的距离。插入坐便器时默认为0，插入蹲便器时默认为200。

在对话框中设定蹲便器的参数。

第三，单击"沿墙布置"图标，命令行窗口提示如下。

请选择沿墙边线<退出>：在AB段墙的内皮，靠近B点处点取；

请插入第一个洁具[插入基点（B）]<退出>：在B点下方单击；

下一个<结束>：在蹲便器增加方向点取；

下一个<结束>：在蹲便器增加方向点取；

下一个<结束>：在蹲便器增加方向点取；

请选择沿墙边线<退出>：

绘制结果如图7-62所示。

第四，单击【小便池】，右侧双击选定的小便池，命令行窗口提示如下。

请选择沿墙边线<退出>：在CD段墙的内皮，靠近D点处点取；

输入小便池离墙角距离<100>：200

请输入小便池的长度<3000>：2400

请输入小便池宽度<600>：620

请输入台阶宽度<300>：270

请选择布置洁具的墙线<退出>：

绘制结果如图7-62所示。

第五,单击【洗涤盆和拖布池】,右侧双击选定的拖布池,打开【布置拖布池】对话框,如图7-65所示。对话框中各控件说明如上所述。

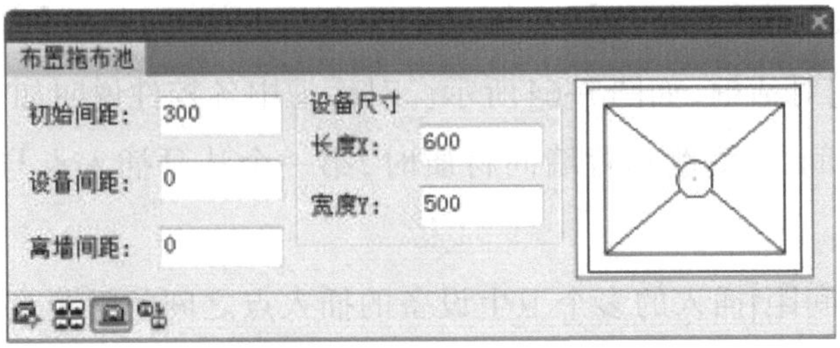

图7-65 【布置拖布池】对话框

在对话框中设定拖布池的参数。

第六,单击"沿墙布置"图标,命令行窗口提示如下。

请选择沿墙边线<退出>:在CD段墙的内皮,靠近C点处点取;

请插入第一个洁具[插入基点(B)]<退出>:在C点上方单击;

下一个<结束>:

请选择沿墙边线<退出>:

绘制结果如图7-62所示。

四、布置隔断

布置隔断命令是通过两点选取已经插入的洁具,布置卫生间隔断,隔板与门采用了墙对象和门窗对象,支持对象编辑;墙类型为卫生隔断类型。下面以图7-66所示的布置隔断过程为例讲述布置隔断的方法。

操作步骤:

单击【布置隔断】,命令行窗口提示如下。

输入一直线来选洁具,起点:点取A点;

终点:点取B点;

隔板长度<1200>:

隔断门宽<600>:

命令执行结果如图7-66所示。

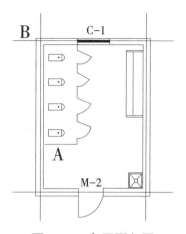

图7-66 布置隔断图

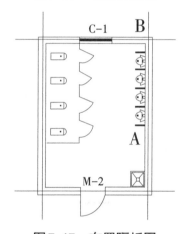

图7-67 布置隔板图

五、布置隔板

布置隔板命令也是通过两点选取已经插入的洁具,布置卫生洁具,主要用于小便器之间的隔板。下面以图7-67所示的布置隔板过程为例讲述布置隔板的方法。

操作步骤:

单击【布置隔板】,命令行窗口提示如下。

输入一直线来选洁具,起点:点取A点;

终点：点取B点；

隔板长度<400>：

命令执行结果如图7-67所示。

第七节　楼梯及其他设施

本节主要讲述：普通楼梯的创建，即最常见的双跑多跑楼梯的绘制，包含楼梯扶手与栏杆的绘制；多种复杂楼梯的绘制，包括双分平行楼梯、双分转角楼梯、双分三跑楼梯和交叉楼梯、剪刀楼梯、三角楼梯、矩形转角楼梯；自动扶梯和电梯的绘制；基于墙体创建包括阳台、台阶与坡道等自定义对象。

一、直线楼梯

直线楼梯命令在对话框中输入梯段参数绘制直线梯段，可以单独使用或用于组合复杂楼梯与坡道。下面以图7-68所示的直线楼梯绘制过程为例讲述直线楼梯的绘制方法。

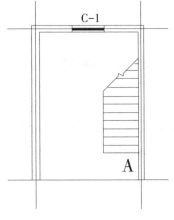

图7-68　直线楼梯图

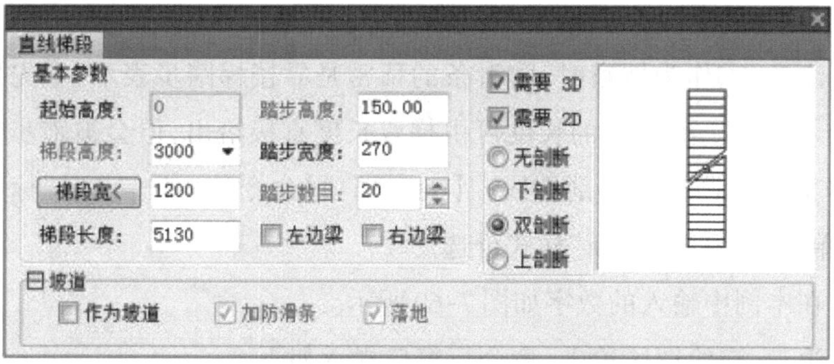

图7-69 【直线楼梯】对话框

操作步骤:

第一,在屏幕菜单【楼梯其他】单击,拉出下一级菜单,单击【直线楼梯】命令,弹出【直线楼梯】对话框,如图7-69所示。对话框中的控件功能说明如下。

[梯段宽]梯段宽度,该项为按钮项,可在图中选取两点获得梯段宽。

[起始高度]相对于本楼层地面起算的楼梯起始高度,梯段高以此算起。

[梯段长度]直段楼梯的踏步宽度×(踏步数目−1)=平面投影的梯段长度。

[梯段高度]直段楼梯的总高,始终等于踏步高度的总和,如果梯段高度被改变,自动按当前踏步高调整踏步数。

[踏步高度]输入踏步高度数值。

[踏步数目]可直接输入或者通过右侧上下箭头进行数值的调整,由梯段高和踏步高概略值推算取整获得,同时修正踏步高。

[踏步宽度]楼梯段的每一个踏步板的宽度。

[剖断设置]包括无剖断、下剖断、双剖断和上剖断四种设置,下(上)剖断表示首层楼梯,双剖断用于中间层楼梯和剪刀楼梯,无剖断用于顶层和去往地下室的楼梯。

[作为坡道]勾选此复选框,踏步作防滑条间距,楼梯段按坡道生

成。有"加防滑条"和"落地"复选框。

注意:①作为坡道时,防滑条的稀密是靠楼梯踏步表示,事先要选好踏步数量。②坡道的长度可由梯段长度直接给出,但会被踏步数与踏步宽少量调整。③剖切线在【天正选项】命令的"基本设定"标签下有"单剖断"和"双剖断"样式可选。

在本例中输入的数字如图7-69所示。

第二,在绘图区单击,命令行窗口提示如下。

点取位置或[转90°(A)/左右翻(S)/上下翻(D)/对齐(F)/改转角(R)/改基点(T)]<退出>:T

输入插入点或[参考点(R)]<退出>:选梯段的右下角点;

点取位置或[转90°(A)/左右翻(S)/上下翻(D)/对齐(F)/改转角(R)/改基点(T)]<退出>:选A

绘制结果如图7-68所示。

二、圆弧梯段

圆弧梯段命令是创建单段弧线型梯段,适合单独的圆弧楼梯,也可与直线梯段组合创建复杂楼梯和坡道,如大堂的螺旋楼梯与入口的坡道。下面以图7-70所示的圆弧梯段绘制过程为例讲述圆弧梯段的绘制方法。[①]

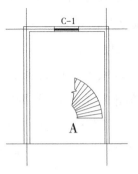

图7-70　圆弧梯段图

①裴圣华,易国华,应帅,罗乔. 提高AutoCAD绘图质量与效率的探究[J]. 南方农机,2018,49(14):17.

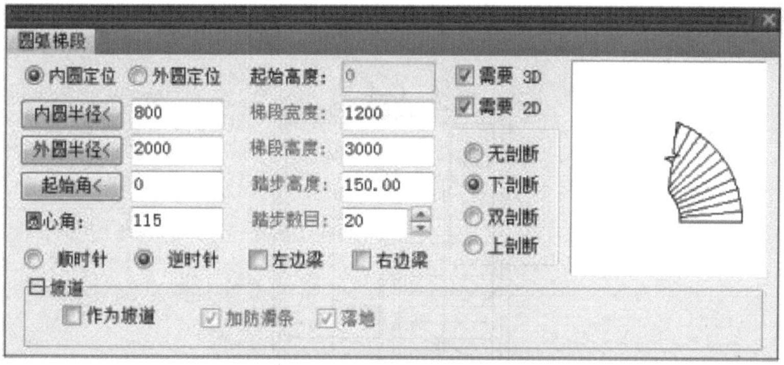

图7-71 【圆弧梯段】对话框

操作步骤：

第一，单击【圆弧楼梯】命令，弹出【圆弧楼梯】对话框，如图7-71所示。对话框中的控件功能说明如下。

[内圆半径]圆弧梯段的内圆半径。

[外圆半径]圆弧梯段的外圆半径。

[起始角]定位圆弧梯段的起始角度位置。

[圆心角]圆弧梯段的角度。

其他参数的选项与【直线梯段】类似，可以参照上一节的描述。在对话框中输入楼梯的参数，可根据右侧的动态显示窗口，确定楼梯参数是否符合要求。

第二，本例中输入的数值如图7-71所示，点击【确定】，命令行窗口提示如下。

点取位置或[转90°（A）/左右翻（S）/上下翻（D）/对齐（F）/改转角（R）/改基点（T）]<退出>:选A

绘制结果如图7-70所示。

三、双跑楼梯

双跑楼梯是最常见的楼梯形式，由两跑直线梯段、一个休息平台、一个或两个扶手和一组或两组栏杆构成的自定义对象，该命令的功能是在对话框中输入，绘制出双跑楼梯。下面以图7-72所示的双跑楼梯绘制过程为例讲述双跑楼梯的绘制方法。

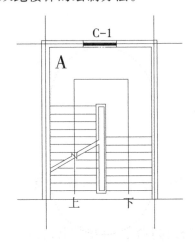

图7-72　双跑楼梯图

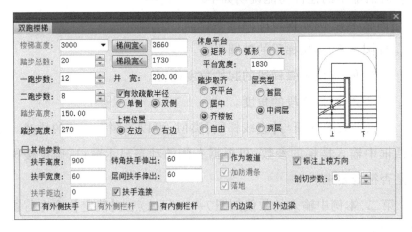

图7-73　【双跑楼梯】对话框

操作步骤：

第一，单击【双跑楼梯】命令，弹出【双跑楼梯】对话框，如图7-73所示。对话框中的控件功能说明如下。

[梯间宽<]双跑楼梯的总宽。可单击按钮从平面图中直接量取楼梯间净宽作为双跑楼梯总宽。

[梯段宽<]梯段宽度。

[井宽]井宽＝梯间宽－(2×梯段宽)，最小井宽可以等于0，这三个

数值互相关联。

[休息平台]有矩形、弧形、无三种选项,在非矩形休息平台时,可以选无平台,以便自己用平板功能设计休息平台。

[平台宽度]按建筑设计规范,休息平台的宽度应大于梯段宽度,在选弧形休息平台时应修改宽度值,最小值不能为零。

[踏步取齐]除了两跑步数不等时可直接选择两梯段相对位置,也可以通过拖动夹点任意调整两梯段之间的位置,此时踏步取齐为"自由"。

[有效疏散半径]在图中用虚线表明疏散距离,其值等于平台宽度。

[扶手高宽]默认值分别为900高,60×100的扶手断面尺寸。

[扶手距边]在1:100图上一般取0,在1:50详图上应标以实际值。

[转角扶手伸出]设置扶手转角处的伸出长度,默认60,为0或者负值时扶手不伸出。

[层间扶手伸出]设置在楼层间扶手起末端和转角处的伸出长度,默认60,为0或者负值时扶手不伸出。

[扶手连接]默认勾选此项,扶手过休息平台和楼层时连接,否则扶手在该处断开。

[有外侧扶手]在外侧添加扶手,但不会生成外侧栏杆。

[有外侧栏杆]边界为墙时常不用绘制栏杆。

[有内侧栏杆]勾选此复选框,命令自动生成默认的矩形截面竖栏杆。

[标注上楼方向]默认勾选此项,在楼梯对象中,按当前坐标系方向创建标注上楼下楼方向的箭头和"上""下"文字。

[剖切步数(高度)]作为楼梯时按步数设置剖切线中心所在位置,为坡道时按相对标高设置剖切线中心所在位置。

其他参数的选项与【直线梯段】类似,可以参照其描述。在对话框中输入楼梯的参数,可根据右侧的动态显示窗口,确定楼梯参数是否符合要求。

　　第二,本例中输入的数值如图7-73所示,点击【确定】,命令行窗口提示如下。

　　点取位置或[转90°(A)/左右翻(S)/上下翻(D)/对齐(F)/改转角(R)/改基点(T)]<退出>:选A

　　绘制结果如图7-72所示。

四、多跑楼梯

　　多跑楼梯命令功能是创建由梯段开始且以梯段结束、梯段和休息平台交替布置、各梯段方向自由的多跑楼梯,要点是先在对话框中确定"基线在左"或"基线在右"的绘制方向,在绘制梯段过程中实时显示当前梯段步数、已绘制步数以及总步数的功能,可定义有转折的休息平台。下面以图7-74所示的多跑楼梯绘制过程为例讲述多跑楼梯的绘制方法。

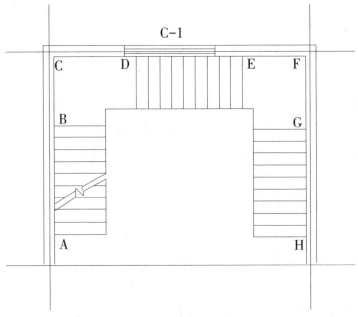

图7-74　多跑楼梯图

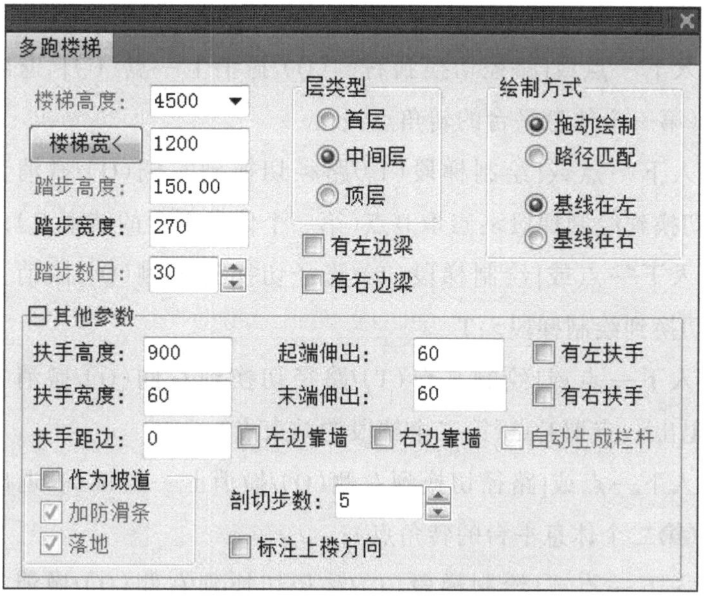

图7-75 【多跑楼梯】对话框

操作步骤：

第一，单击【多跑楼梯】命令，弹出【多跑楼梯】对话框，如图7-75所示，对话框中的控件功能说明如下。

[拖动绘制]暂时进入图形中量取楼梯间净宽作为多跑楼梯总宽。

[路径匹配]楼梯按已有多段线路径作为基线绘制。

[基线在左]拖动绘制时以基线为标准，这时楼梯画在基线右边。

[基线在右]拖动绘制时以基线为标准，这时楼梯画在基线左边。

[左边靠墙]按上楼方向，左边不画出边线。

[右边靠墙]按上楼方向，右边不画出边线。

其他参数的选项可以参照前述，在对话框中输入楼梯的参数。

第二，本例中输入的数值如图7-74所示，点击【确定】，命令行窗口提示如下。

起点<退出>：点取A点（第一个梯段的起始点）；

输入下一点或[路径切换到右侧（Q）]<退出>：点取B点（第一个梯

段的结束点);

输入下一点或[路径切换到右侧(Q)/撤消上一点(U)]<退出>:点取C点(第一个休息平台的转角点);

输入下一点或[绘制梯段(T)/路径切换到右侧(Q)/撤消上一点(U)]<切换到绘制梯段>:点取D点(第一个休息平台的结束点);

输入下一点或[绘制梯段(T)/路径切换到右侧(Q)/撤消上一点(U)]<切换到绘制梯段>:T

输入下一点或[绘制平台(T)/路径切换到右侧(Q)/撤消上一点(U)]<退出>:点取E点(第二个梯段的结束点);

输入下一点或[路径切换到右侧(Q)/撤消上一点(U)]<退出>:点取F点(第二个休息平台的转角点);

输入下一点或[绘制梯段(T)/路径切换到右侧(Q)/撤消上一点(U)]<切换到绘制梯段>:点取G点(第二个休息平台的结束点);

输入下一点或[绘制梯段(T)/路径切换到右侧(Q)/撤消上一点(U)]<切换到绘制梯段>:T

输入下一点或[绘制平台(T)/路径切换到右侧(Q)/撤消上一点(U)]<退出>:点取H点(第三个梯段的结束点);

绘制结果如图7-74所示。

五、三角楼梯

三角楼梯命令在对话框中输入梯段参数绘制三角楼梯,可以选择不同的上楼方向。点取【三角楼梯】命令后,显示对话框如图7-76所示。对话框中的控件功能说明如下。

[井宽<]由于三角楼梯的井宽参数是变化的,这里的井宽是两个梯段连接处起算的初始值,最小井宽为0,如图7-77所示。

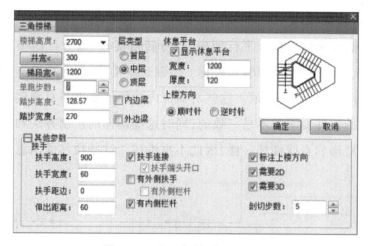

图7-76 【三角楼梯】对话框

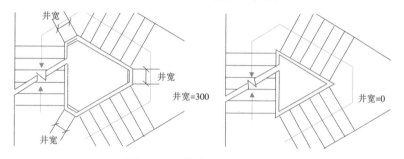

图7-77 井宽参数示意图

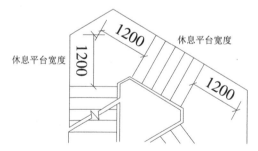

图7-78 休息平台参数示意图

[宽度/厚度]休息平台宽度是梯段端线到平台角点的距离,如图7-78所示,厚度是平台的三维厚度。

对话框中的其他参数的选项参照前述。

六、其他楼梯

其他楼梯包括双分平行楼梯、双分转角楼梯、双分三跑楼梯和交叉楼梯、剪刀楼梯、矩形转角楼梯。绘制这些楼梯时,分别单击相应的命令,弹出相应的对话框。这些对话框内的控件要求与双跑楼梯和直线楼梯的控件要求基本是一致的,同时这些楼梯的绘制方法和步骤也与双跑楼梯和直线楼梯一样,因此不再讲述。这些楼梯的示意图如图7-79所示。

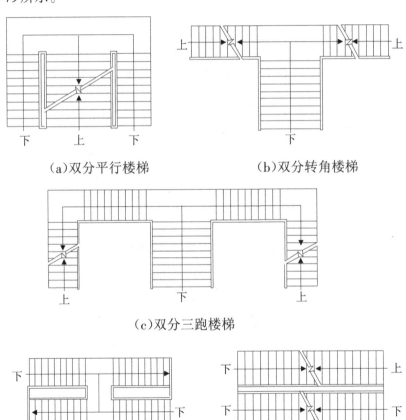

(a)双分平行楼梯　　　　　　(b)双分转角楼梯

(c)双分三跑楼梯

(d)交叉楼梯　　　　　　(e)剪刀楼梯(带防火墙)

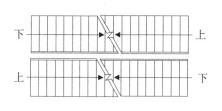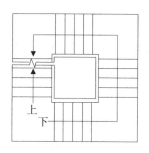

（f)剪刀楼梯（无防火墙）　　　（g)矩形转角楼梯

图7-79　其他楼梯示意图

七、电梯

　　电梯命令创建的电梯图形包括轿厢、平衡块和电梯门,其中轿厢和平衡块是二维线对象,电梯门是天正门窗对象。因此,绘制的最基本条件是在电梯周围已经由天正墙体创建了电梯门所在的墙体。下面以图7-80所示的电梯绘制过程为例讲述电梯的绘制方法。

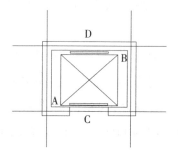

图7-80　电梯图

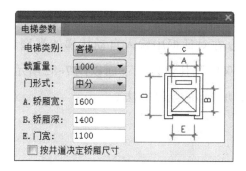

图7-81　【电梯参数】对话框

操作步骤：

第一，单击【电梯】命令，弹出【电梯参数】对话框，如图7-81所示，在对话框中，设定电梯类型，载重量，门形式，门宽，轿厢宽，轿厢深等参数。其中，电梯类别分别有客梯、住宅梯、医院梯、货梯4种类别，每种电梯形式均有已设定好的不同的设计参数，输入参数后按命令行提示执行命令，不必关闭对话框。

第二，在对话框中输入相应的数值，如图7-81所示。在绘图区单击，命令行窗口提示如下。

请给出电梯间的一个角点或[参考点(R)]<退出>：选A

再给出上一角点的对角点：选B

请点取开电梯门的墙线<退出>：选C

请点取平衡块的所在的一侧<退出>：选D

请点取其他电梯门的墙线<退出>：

请给出电梯间的一个角点或[参考点(R)]<退出>：

绘制结果如图7-80所示。

对不需要按类别选取预设设计参数的电梯，可以按井道决定适当的轿厢与平衡块尺寸，勾选对话框中的"按井道决定轿厢尺寸"复选框，对话框把不用的参数虚显，保留门形式和门宽两项参数由用户设置，同时把门宽设为常用的1100 mm，门宽和门形式会保留用户修改值。去除复选框勾选后，门宽等参数恢复由电梯类别决定。

八、自动扶梯

自动扶梯命令在对话框中输入自动扶梯的类型和梯段参数绘制，可以用于单梯和双梯及其组合。下面以图7-82所示的自动扶梯绘制过程为例讲述自动扶梯的绘制方法。

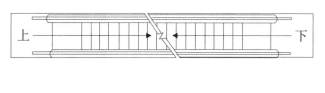

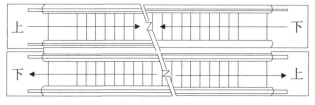

图7-82　自动扶梯

图7-83　【自动扶梯】对话框

操作步骤：

第一,单击【自动扶梯】命令,弹出【自动扶梯】对话框,如图7-83所示,对话框内的控件说明如下。

[平步距离]从扶梯工作点开始到踏步端线的距离,当为水平步道时,平步距离为0。

[平台距离]从扶梯工作点开始到扶梯平台安装端线的距离,当为水平步道时,平台距离需重新设置。

[梯段宽度]是指自动扶梯不算两侧裙板的活动踏步净长度作为梯段的净宽。

这三个参数的具体含义如图7-84所示。

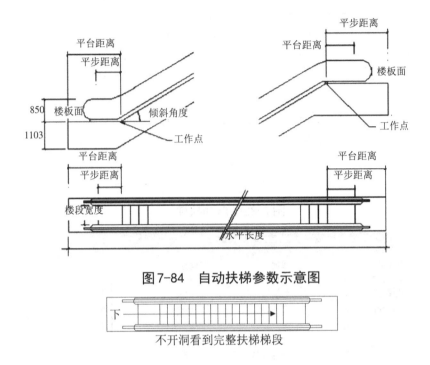

图7-84 自动扶梯参数示意图

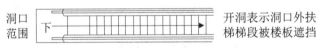

不开洞看到完整扶梯梯段

图7-85 顶层楼板开洞的扶梯示意图

[楼梯高度]相对于本楼层自动扶梯第一工作点起,到第二工作点止的设计高度。

[倾斜角度]自动扶梯的倾斜角,商品自动扶梯为30°、35°,坡道为10°、12°,当倾斜角为0°时作为步道,参数做相应修改。

[单梯/双梯]可以一次创建成对的自动扶梯或者单台的自动扶梯。

[并列与交叉放置]双梯两个梯段的倾斜方向可选方向一致或者方向相反。

[间距]双梯之间相邻裙板之间的净距。

[作为坡道]勾选此复选框,扶梯按坡道的默认角度10°或12°取值,长度重新计算。

[标注上楼方向]标注自动扶梯上下楼方向,默认中层时剖切到的

上行和下行梯段运行方向箭头表示相对运行(上楼/下楼)。

[层间同向运行]中层剖切到的上行和下行梯段运行方向箭头表示同向运行(都是上楼)。

[层类型]表示当前扶梯处于底层、中层和顶层。

[开洞]可绘制顶层楼板开洞的扶梯,隐藏自动扶梯洞口以外的部分,遮挡扶梯下端,如图7-85所示。

第二,在对话框内输入相应数值,选择【单梯】,单击【确定】,命令行窗口提示如下。

点取位置或[转90°(A)/左右翻(S)/上下翻(D)/对齐(F)/改转角(R)/改基点(T)]<退出>:点选插入点

第三,单击【自动扶梯】命令,弹出【自动扶梯】对话框,选择【双梯】,单击【确定】,命令行窗口提示如下。

点取位置或[转90°(A)/左右翻(S)/上下翻(D)/对齐(F)/改转角(R)/改基点(T)]<退出>:点选插入点

绘制结果如图7-82所示。

九、阳台

阳台命令以几种预定样式绘制阳台,或选择预先绘制好的PLINE线转成阳台;阳台可以自动遮挡散水,阳台对象可以被柱子、墙体(包括墙体造型)局部遮挡。下面以图7-86所示的阳台绘制过程为例讲述阳台的绘制方法。

操作步骤:

第一,单击【阳台】命令,弹出【绘制阳台】对话框,如图7-87所示。

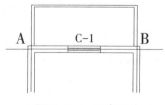

图7-86　阳台图

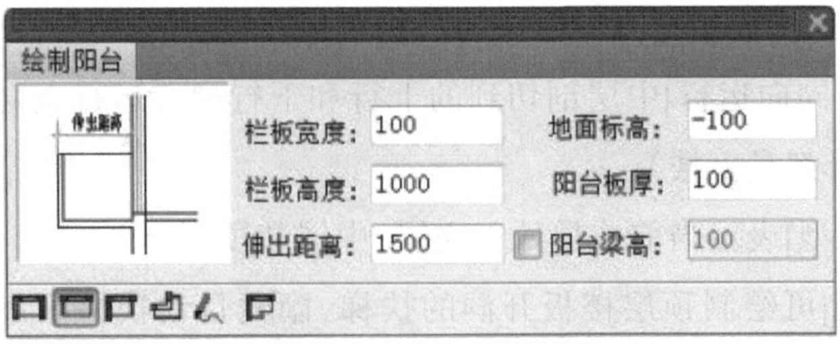

图7-87 【绘制阳台】对话框

工具栏从左到右分别为:凹阳台、矩形阳台、阴角阳台、偏移生成、任意绘制与选择已有路径绘制共6种阳台绘制方式,勾选"阳台梁高"后,输入阳台梁高度可创建梁式阳台。阳台栏板能按不同要求处理保温墙体的保温层的关系。

第二,在对话框中输入阳台参数,命令行窗口提示如下。

阳台起点<退出>:选A点,沿着阳台长度方向拖动;

阳台终点或[翻转到另一侧(F)]:F,看到此时阳台在室内一侧显示,输入F翻转阳台;

阳台终点或[翻转到另一侧(F)]:选B点

阳台起点<退出>:

绘制结果如图7-86所示。

注意:有外墙外保温层时,阳台绘制时的定位点定义在结构层线而不是在保温层线,因此"伸出距离"应从结构层起算,因为结构层的位置是相对固定的,调整墙体保温层厚度时不影响已经绘制的阳台对象。

如果想对阳台的栏板进行编辑,可以选择阳台对象后,右击出现右键菜单,单击其中"栏板切换"命令,对栏板进行编辑,该命令提供了分段显示栏板的功能。命令行窗口提示如下。

请选择阳台<退出>:点取要切换栏板的阳台对象;

请点取需添加或删除栏板的阳台边界<退出>:此时阳台栏板变虚,单击要切换(删除或添加)栏板的边界分段;

请点取需添加或删除栏板的阳台边界<退出>:此时重复点取的阳台栏板分段会在显示与不显示之间来回切换。

十、台阶

台阶命令以几种预定样式绘制台阶,或选择预先绘制好的PLINE线转成台阶;台阶可以自动遮挡散水。下面以图7-88所示的台阶绘制过程为例讲述台阶的绘制方法。

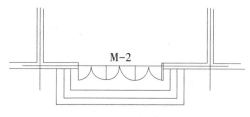

图7-88　台阶图

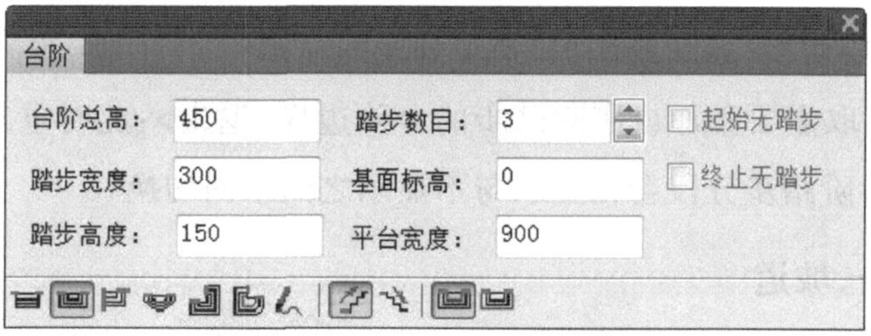

图7-89　【台阶】对话框

操作步骤:

第一,单击【台阶】命令,弹出【台阶】对话框,如图7-89所示。

工具栏从左到右分别为绘制方式、楼梯类型、基面定义三个区域,可组合成满足工程需要的各种台阶类型:①绘制方式。包括:矩形单面台阶、矩形三面台阶、矩形阴角台阶、弧形台阶、沿墙偏移绘制、选择已有路径绘制和任意绘制共7种绘制方式。②楼梯类型分为普通台阶与下沉式台阶两种,前者用于门口高于地坪的情况,后者用于门口低于地坪的情况。③基面定义可以是平台面和外轮廓面两种,后者多用于下沉式台阶。

第二,在对话框中输入台阶参数,选择矩形三面台阶,命令行窗口提示如下。

指定第一点或[中心定位（C）/门窗对中（D）]<退出>：D

选择门窗或[端点定位（R）/中心定位（C）]<退出>：选择 M-2 门；

点取台阶所在一侧<退出>：点击 M-2 门外侧；

请点取外墙皮与台阶平台边界的交点[或键入中点到边界距离]<退出>：2100（负值表示在门里侧绘制台阶）。

绘制结果如图 7-88 所示。

如果想对台阶的踏步进行更改，可以选择台阶对象后，右击出现右键菜单，单击其中"踏步切换"命令，对踏步进行编辑，该命令提供了分段显示踏步的功能。命令行窗口提示如下。

请选择台阶<退出>：点取要切换踏步的台阶对象；

请点取需要添加或删除踏步的台阶边界<退出>：此时台阶踏步变虚，单击要切换（删除或添加）踏步分段的显示；

请点取需要添加或删除踏步的台阶边界<退出>：此时重复点取所选择的台阶踏步分段会在显示与不显示之间来回切换。

十一、坡道

坡道命令通过参数构造单跑的入口坡道，多跑、曲边与圆弧坡道由各楼梯命令中"作为坡道"选项创建，坡道也可以遮挡绘制的散水。下面以图 7-90 所示的坡道绘制过程为例讲述坡道的绘制方法。

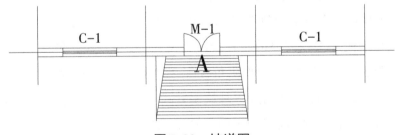

图 7-90　坡道图

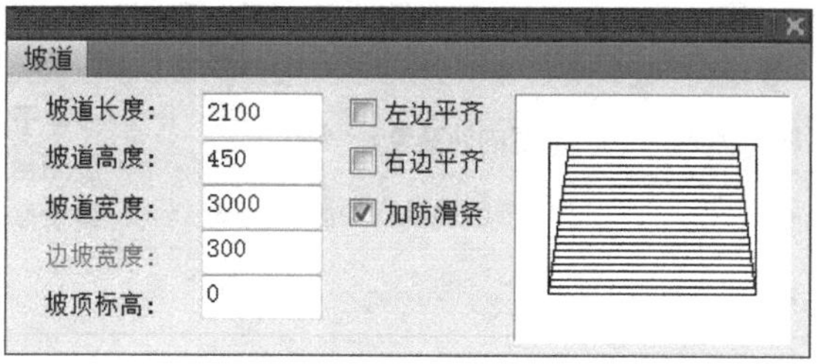

图7-91 【坡道】对话框

操作步骤：

第一，单击【坡道】命令，弹出【坡道】对话框，如图7-91所示。对话框中的[边坡宽度]可以为负值，表示矩形主坡，两侧边坡。

第二，在对话框中输入台阶参数，命令行窗口提示如下。

点取位置或[转90°（A）/左右翻（S）/上下翻（D）/对齐（F）/改转角（R）/改基点（T）]<退出>：A

第三，通过CAD中的"移动"命令把坡道移动到墙边线。

绘制结果如图7-90所示。

十二、散水

散水命令通过自动搜索外墙线绘制散水对象，可自动被凸窗、柱子等对象裁剪，也可以通过勾选复选框或者对象编辑，使散水绕壁柱、绕落地阳台生成；阳台、台阶、坡道、柱子等对象自动遮挡散水，位置移动后遮挡自动更新。下面以图7-92所示的散水绘制过程为例讲述散水的绘制方法。

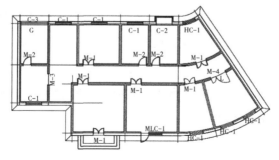

图7-92 散水图

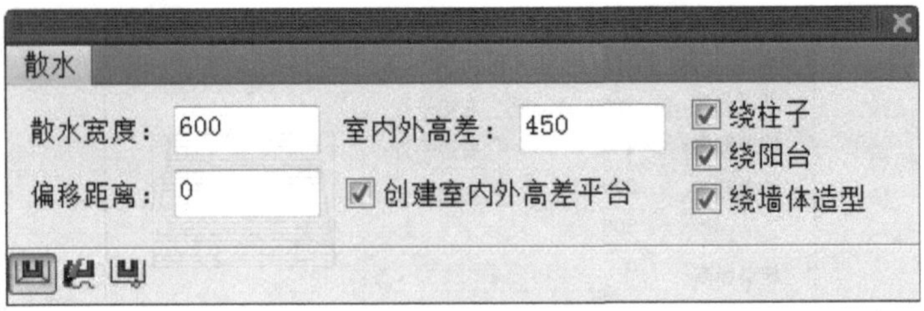

图7-93 【散水】对话框

操作步骤:

第一,单击【散水】命令,弹出【散水】对话框,如图7-93所示。对话框中各控件的说明如下。

[室内外高差]输入室内外高差,默认为450。

[偏移距离]为外墙勒脚对外墙皮的偏移值。

[散水宽度]输入散水宽度,默认为600。

[创建高差平台]勾选复选框后,在各房间中按零标高创建室内地面。

[散水绕柱子/阳台/墙体造型]勾选复选框后,散水绕过柱子或阳台及墙体造型创建,否则穿过柱子或阳台及墙体造型创建。

[搜索自动生成]第一个图标是搜索墙体自动生成散水对象。

[任意绘制]第二个图标是逐点给出散水的基点,动态地绘制散水对象,注意散水在路径的右侧生成。

[选择已有路径生成]第三个图标是选择已有的多段线或圆作为散水的路径生成散水对象,多段线不要求闭合。

第二,在显示对话框中设置好参数,命令行窗口提示如下。

请选择构成一完整建筑物的所有墙体(或门窗、阳台)<退出>:框选所有外墙。

请选择构成一完整建筑物的所有墙体(或门窗、阳台)<退出>:

绘制结果如图7-92所示。

第八章　尺寸标注

尺寸标注是设计图纸中的重要组成部分,由于图纸中的尺寸标注在国家颁布的建筑制图标准中有严格的规定,直接采用AutoCAD本身提供的尺寸标注命令不适合建筑制图的要求,需要进行修改,操作比较繁琐,特别是编辑尺寸尤其显得不便,因此采用天正建筑软件提供的自定义尺寸标注系统,可以大大提高绘图效率。

天正的尺寸标注分为连续标注与半径标注两大类标注对象,其中连续标注包括线性标注和角度标注,均符合国家建筑制图规范的标注要求,可以通过图8-1所示的夹点编辑操作,对尺寸标注进行修改。

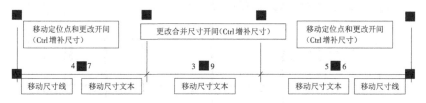

图8-1　尺寸标注的夹点编辑说明

由于天正的尺寸标注是自定义对象,在利用旧图资源时,通过【转化尺寸】命令可将原有的AutoCAD尺寸标注对象转化为等效的天正尺寸标注对象。反之,在导出天正图形到其他非天正对象环境时,需要分解天正尺寸标注对象,系统提供的【图形导出】命令可以自动完成分解操作,分解后天正尺寸标注对象按其当前比例显示。

第一节　尺寸标注的创建

一、门窗标注

本命令适合标注建筑平面图的门窗尺寸,有两种使用方式:一是在平面图中参照轴网标注的第一、二道尺寸线,自动标注直墙和圆弧墙上的门窗尺寸,生成第三道尺寸线;二是在没有轴网标注的第一、二道尺寸线时,在用户选定的位置标注出门窗尺寸线。

通常采用第一种方式进行门窗标注,这也符合制图标注的要求。下面以图8-2所示的门窗标注为例讲述门窗标注的方法。

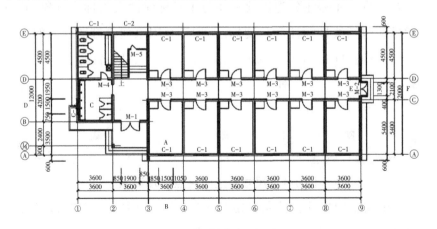

图8-2　门窗标注图

操作步骤:

第一,单击【尺寸标注】,弹出子菜单,单击【门窗标注】命令,命令行窗口提示如下。

请用线选第一、二道尺寸线及墙体。

起点<退出>:点取 A 点(窗内侧);

终点<退出>:点取 B 点(第一道尺寸线外面);

选择其他墙体:选取 A 轴线上其他横墙以及 B 轴线上的横墙。

第二,单击【门窗标注】命令,命令行窗口提示如下。

请用线选第一、二道尺寸线及墙体。

起点<退出>:点取C点(窗内侧);

终点<退出>:点取D点(第一道尺寸线外面);

选择其他墙体:选取1轴线上其他纵墙。

第三,单击【门窗标注】命令,命令行窗口提示如下。

请用线选第一、二道尺寸线及墙体。

起点<退出>:点取E点(窗内侧);

终点<退出>:点取F点(第一道尺寸线外面);

选择其他墙体:选取9轴线上其他纵墙。

标注结果如图8-2所示。

二、墙厚标注

墙厚标注命令通过对两点连线经过的一至多段天正墙体对象进行墙厚标注,在墙体内有轴线存在时标注轴线划分的左右墙宽,墙体内没有轴线存在时标注墙体的总宽。下面以图8-3所示的墙厚标注为例讲述墙厚标注的方法。[1]

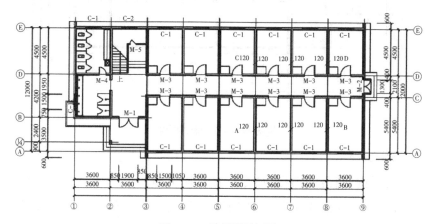

图8-3　墙厚标注图

---

[1]熊思颖.基于AutoCAD二次开发的工程图的三维重建技术研究[D].太原:太原理工大学,2018.

操作步骤：

第一,单击【墙厚标注】命令,命令行窗口提示如下。

直线第一点<退出>:点取A点;

直线第二点<退出>:点取B点。

第二,单击【墙厚标注】命令,命令行窗口提示如下。

直线第一点<退出>:点取C点;

直线第二点<退出>:点取D点。

标注结果如图8-3所示。

三、内门标注

内门标注命令用于标注平面室内门窗尺寸以及定位尺寸线,其中定位尺寸线与邻近的正交轴线或者墙角(墙垛)相关。下面以图8-4所示的内门标注为例讲述内门标注的方法。

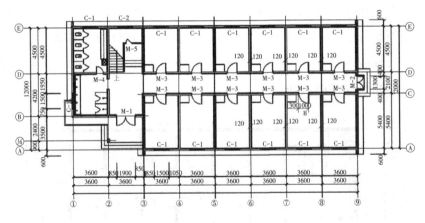

图8-4　内门标注图

操作步骤：

单击【内门标注】命令,命令行窗口提示如下。

标注方式:轴线定位。请用线选门窗,并且第二点作为尺寸线位置。

起点或[垛宽定位(A)]<退出>:点取A点;

终点<退出>:点取B点。

标注结果如图8-4所示。

四、两点标注

两点标注命令为两点连线附近采用天正建筑绘制的轴线、墙线、门窗、柱子等构件标注尺寸,并可标注各墙中点或者添加其他标注点。下面以图8-5所示的两点标注为例讲述两点标注的方法。

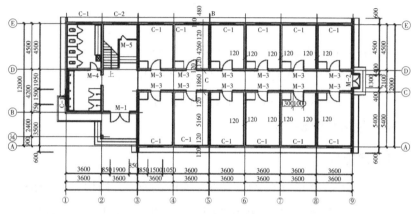

图8-5　两点标注图

操作步骤:

单击【两点标注】命令,命令行窗口提示如下。

选择起点[当前:墙面标注/墙中标注(C)]<退出>:选择A点;

选择终点<退出>:选择B点;

选择标注位置点:选择C点。

选择终点或增删轴线、墙、门窗、柱子。

标注结果如图8-5所示。

五、平行标注

平行标注命令在房间内部标注相邻两个轴线之间的距离,适用于计算房屋的建筑面积。本命令操作方法简单,因此在这里不做讲述。

六、快速标注

快速标注命令适用于天正实体对象,包括墙体、门窗、柱子对象,可以将所选范围内的天正实体对象进行快速批量标注。下面以图8-6所示的快速标注为例讲述快速标注的方法。

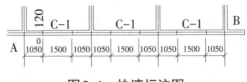

图8-6   快速标注图

操作步骤：

单击【快速标注】命令,命令行窗口提示如下。

请选择需要标注尺寸的[带柱子(Y)]<退出>:框选 A-B

请选择需要标注尺寸的[带柱子(Y)]<退出>:

标注结果如图8-6所示。

七、楼梯标注

楼梯标注命令标注各种直楼梯、梯段的踏步、楼梯井宽、梯段宽、休息平台深度等楼梯尺寸,提供踏步数×踏步宽=总尺寸的梯段长度的标注格式。下面以图8-7所示的直线和双跑楼梯标注为例讲述楼梯标注的方法。

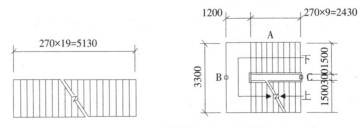

图8-7   楼梯标注示意图

操作步骤：

单击【楼梯标注】命令,命令行窗口提示如下。

请点取待标注的楼梯(注:双跑楼梯、双分平行、交叉、剪刀楼梯点取其不同位置可标注不同尺寸)<退出>:点取直线楼梯;

请点取尺寸线位置<退出>:拖动尺寸线,点取尺寸线就位点;

请输入其他标注点或[参考点(R)]<退出>:

请点取待标注的楼梯(注:双跑楼梯、双分平行、交叉、剪刀楼梯点取其不同位置可标注不同尺寸)<退出>:点取双跑楼梯A点;

请点取尺寸线位置<退出>:拖动尺寸线,点取尺寸线就位点;

请输入其他标注点或[参考点(R)]<退出>:

请点取待标注的楼梯(注:双跑楼梯、双分平行、交叉、剪刀楼梯点取其不同位置可标注不同尺寸)<退出>:点取双跑楼梯B点;

请点取尺寸线位置<退出>:拖动尺寸线,点取尺寸线就位点;

请输入其他标注点或[参考点(R)]<退出>:

请点取待标注的楼梯(注:双跑楼梯、双分平行、交叉、剪刀楼梯点取其不同位置可标注不同尺寸)<退出>:点取双跑楼梯C点;

请点取尺寸线位置<退出>:拖动尺寸线,点取尺寸线就位点;

请输入其他标注点或[参考点(R)]<退出>:

请点取待标注的楼梯(注:双跑楼梯、双分平行、交叉、剪刀楼梯点取其不同位置可标注不同尺寸)<退出>:

标注结果如图8-7所示。

八、外包尺寸

外包尺寸命令是一个简捷的尺寸标注修改工具,在大部分情况下,可以一次按规范要求完成四个方向的两道尺寸线共8处修改,期间不必输入任何墙厚尺寸。下面以图8-8所示的外包尺寸标注为例讲述外包尺寸的标注方法。

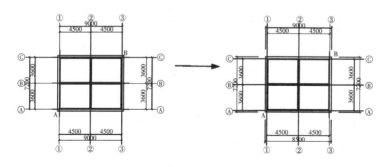

图8-8 外包尺寸标注实例

操作步骤：

单击【外包尺寸】命令,命令行窗口提示如下。

请选择建筑构件:框选A-B范围,给出第一个点后提示。

指定对角点:给出对角点后提示找到12个对象。

请选择建筑构件:

请选择第一、二道尺寸线:选择4个第一道尺寸线。

请选择第一、二道尺寸线:

标注结果如图8-8所示。

九、逐点标注

逐点标注命令是一个通用的灵活标注工具,对选取的一串给定点沿指定方向和选定的位置标注尺寸。特别适用于不适用天正建筑绘制的构件,但需要进行标注的情况,以及其他标注命令难以完成的尺寸标注,该标注形式是所有尺寸标注中功能最强大的标注。下面以图8-9所示的逐点标注为例讲述逐点标注的标注方法。

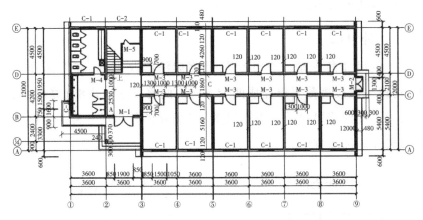

图8-9 逐点标注图

操作步骤：

单击【逐点标注】命令,命令行窗口提示如下。

起点或[参考点(R)]<退出>:点取A点;

第二点<退出>:点取B点;

请点取尺寸线位置或[更正尺寸线方向(D)]<退出>:点取C点;

请输入其他标注点或[撤消上一标注点(U)]<结束>:

继续该位置处的剩余标注,其他位置上的标注也遵照此进行。标注结果如图8-9所示。

十、角度标注

角度标注命令是标注两根直线之间的内角,自动在两线间形成的任意交角标注角度,标注时不需要考虑按逆时针方向点取两直线的顺序。下面以图8-10所示的角度标注为例讲述角度标注的标注方法。

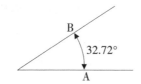

图8-10 角度标注图

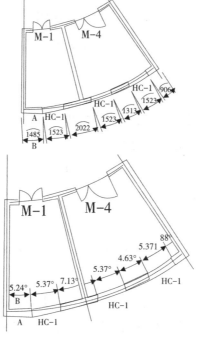

图8-11 弧弦标注图

操作步骤：

单击【角度标注】命令,命令行窗口提示如下。

请选择第一条直线<退出>:点取A点；

请选择第二条直线<退出>:点取B点；

请确定尺寸线位置<退出>:在两直线形成的内外角之间动态拖动尺寸选取标注的夹角。

标注结果如图8-10所示。

十一、弧弦标注

弧弦标注命令是以国家建筑制图标准规定的弧长标注画法分段标注弧长,保持整体的一个角度标注对象,可在弧长、角度和弦长三种状态下相互转换,其中弧长标注的样式可在标注设置或高级选项中设为"新标准",即《房屋建筑制图统一标准》(GBT50001—2017)条文11.5.2中要求的尺寸界线应指向圆心的样式,在标注设置中设置后是对本图所有的弧长标注起作用,在高级选项中设置后是在新建图形中起作用。下面以图8-11所示的弧弦标注为例讲述弧弦标注的标注方法。

操作步骤：

单击【弧弦标注】命令,命令行窗口提示如下。

请选择要标注的弧段:点取A点；

请确定要标注的尺寸类型:通过光标的位置改变,尺寸类型也在改变,左键确认选择。

请指定标注点<退出>:点取B点；

请输入其他标注点<退出>:逆时针一次点取A点外其他窗的两端点和墙结束点。

标注结果为8-11上图所示(弧长)。弧弦的角度标注方式,操作过程与弧长方法一样,只是B点的选取不同,参照图8-11下图所示。

第二节　尺寸标注的编辑

一、文字复值

文字复值命令将天正尺寸标注中被有意修改的文字恢复回尺寸的初始数值。有时为了方便起见,会把其中一些标注尺寸文字加以改动,为了校核或提取工程量等需要尺寸和标注文字一致的场合,可以使用本命令按实测尺寸恢复文字的数值。

二、裁剪延伸

裁剪延伸命令是在尺寸线的某一端,按指定点剪裁或延伸该尺寸线。本命令综合了 Trim(裁剪)和 Extend(延伸)两命令,自动判断对尺寸线的剪裁或延伸。下面以图 8-12 所示的尺寸标注为例讲述裁剪延伸的编辑方法。

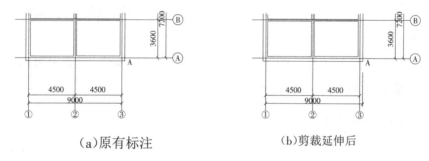

　　(a)原有标注　　　　　　　　　(b)剪裁延伸后

图 8-12　剪裁延伸图

操作步骤:

单击【尺寸编辑】中的【裁剪延伸】命令,命令行窗口提示如下。

请选择要标注的弧段:点取 A 点;

要裁剪或延伸的尺寸线<退出>:选择 9 标注为 9000 的尺寸线;

请给出裁剪延伸的基准点:选择 A 点。

编辑结果如图 8-12 所示。

三、取消尺寸

取消尺寸命令是删除天正标注对象中指定的尺寸线区间。因为天正标注对象是由多个区间的尺寸线组成的,用 Erase(删除)命令无法删除其中某一个区间,必须使用本命令完成。下面以图 8-13 所示的尺寸标注为例讲述取消尺寸的编辑方法。[①]

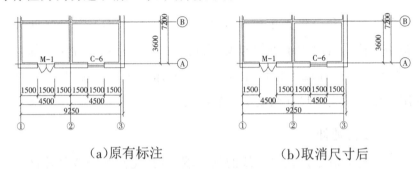

(a)原有标注 　　　　　　(b)取消尺寸后

图8-13　取消尺寸图

操作步骤:

单击【取消尺寸】命令,命令行窗口提示如下。

请选择待删除尺寸的区间线或尺寸文字[整体删除(A)]<退出>:点取门尺寸。

请选择待删除尺寸的区间线或尺寸文字[整体删除(A)]<退出>:编辑结果如图 8-13 所示。

四、连接尺寸

连接尺寸命令是连接两个独立的天正自定义直线或圆弧标注对象,将点取的两尺寸线区间段加以连接,原来的两个标注对象合并为一个标注对象,如果准备连接的标注对象的尺寸线之间不共线,连接后的标注对象以第一个点取的标注对象为主标注尺寸对齐,通常用于把 AutoCAD 的尺寸标注对象转为天正尺寸标注对象。下面以图 8-14 所示的连接尺寸为例讲述连接尺寸的编辑方法。

①陈琪. 基于 AutoCAD 平台的三维建筑设计系统的研究[D]. 北京:北京工业大学,2018.

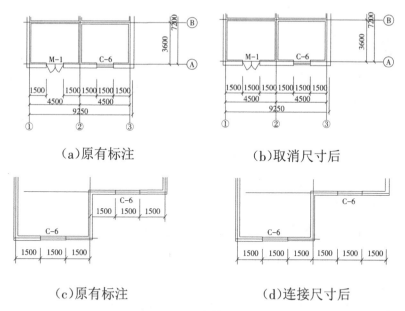

（a）原有标注　　　　　　　　　（b）取消尺寸后

（c）原有标注　　　　　　　　　（d）连接尺寸后

图8-14　连接尺寸图

操作步骤：

第一，单击【连接尺寸】命令，命令行窗口提示如下。

选择主尺寸标注<退出>：选择（a）图中门右侧标注；

选择需要连接的尺寸标注<退出>：选择（a）图中门左侧标注；

选择需要连接的尺寸标注<退出>：

编辑结果如图8-14（b）所示。

第二，单击【连接尺寸】命令，命令行窗口提示如下。

选择主尺寸标注<退出>：选择（c）图中左侧标注；

选择需要连接的尺寸标注<退出>：选择（c）图中右侧标注；

选择需要连接的尺寸标注<退出>：

编辑结果如图8-14（d）所示。

五、尺寸打断

尺寸打断命令是把整体的天正尺寸标注对象在指定的尺寸界线上打断，成为两段互相独立的尺寸标注对象，可以各自进行编辑操作。下面以图8-15所示的尺寸标注为例讲述尺寸打断的方法。

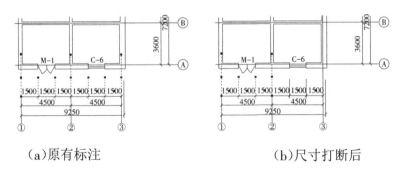

（a）原有标注　　　　　　　　　　（b）尺寸打断后

图8-15　尺寸打断图

操作步骤：

单击【尺寸打断】命令,命令行窗口提示如下。

请在要打断的一侧点取尺寸线<退出>：

完成一组尺寸标注的打断,尺寸标注已经分成两组独立的尺寸标注,其中2轴线左侧为一组,右侧为一组,如图8-15所示。

六、合并区间和拆分区间

合并区间命令是可以把天正标注对象中的相邻区间合并为一个区间,拆分区间命令是合并区间命令的逆命令。下面以图8-16所示的尺寸标注为例讲述合并区间的方法,拆分区间的方法与合并区间的方法相逆。

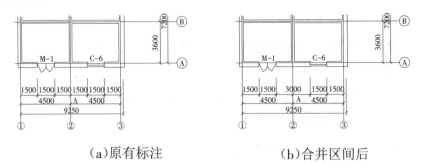

（a）原有标注　　　　　　　　　　（b）合并区间后

图8-16　合并区间图

操作步骤：

单击【合并区间】命令,命令行窗口提示如下。

请点取合并区间中的尺寸界线箭头<退出>：点取A点。

请点取合并区间中的尺寸界线箭头或[撤消（U）]<退出>：

编辑结果如图8-16所示。

七、增补尺寸

增补尺寸命令可以对已有的天正尺寸标注增补新的尺寸。下面以图8-17所示的尺寸标注为例讲述增补尺寸的方法。

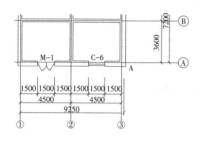

（a）原有标注

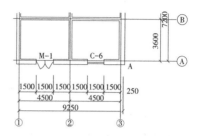

（b）增补尺寸后

图8-17　增补尺寸图

操作步骤：

单击【增补尺寸】命令，命令行窗口提示如下。

请选择尺寸标注<退出>：点取要在其中增补的尺寸线分段

点取待增补的标注点的位置或[参考点（R）]<退出>：捕捉点A。

点取待增补的标注点的位置或[参考点（R）/撤消上一标注点（U）]<退出>：

编辑结果如图8-17所示。

注意：增补尺寸还有两种快捷方式可以进行操作：一是尺寸标注夹点提供"增补尺寸"模式控制，拖动尺寸标注夹点时，按Ctrl键切换为"增补尺寸"模式即可在拖动位置添加尺寸界线。二是双击需要编辑的尺寸对象，即可进入【增补尺寸】命令，点取待增补标注点的操作。

八、等式标注

等式标注命令是令指定的尺寸标注区间尺寸自动按等分数列出等分公式作为标注文字，除不尽的尺寸保留一位小数。该方法主要针对楼梯的梯段标注。下面以图 8-18 所示的尺寸标注为例讲述等式标注的方法。

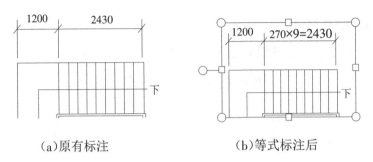

（a）原有标注　　　　　　　　（b）等式标注后

图 8-18　等式标注图

操作步骤：

单击【等式标注】命令，命令行窗口提示如下。

请选择需要等分的尺寸区间<退出>：选择尺寸 2430

输入等分数<退出>：9

请选择需要等分的尺寸区间<退出>：

等式标注编辑尺寸标注结果如图 8-18 所示。

九、尺寸等距

尺寸等距命令是用于对选中尺寸标注在垂直于尺寸线方向进行尺寸间距的等距调整。下面以图 8-19 所示的尺寸标注为例讲述等式标注的方法。

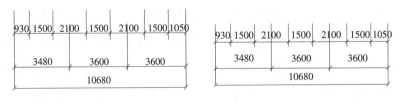

（a）原有标注　　　　　　　　（b）尺寸等距后

图 8-19　尺寸等距图

操作步骤：

单击【尺寸等距】命令，命令行窗口提示如下。

选择参考标注<退出>:选取最上面的尺寸标注(在等距调整中参考标注不动,其他标注按要求调整位置)。

选择其他标注<退出>:选取其他两道标注。

请选择其他标注:

请输入尺寸线间距<2000>:1000

尺寸等距编辑尺寸标注结果如图8-19所示。

注意:①命令仅对线性标注起作用;②在多个尺寸标注中,命令只对与参考标注同一方向的尺寸标注执行操作;③下次命令执行给出的尺寸间距默认值为上一次的修改值。

十、切换角标

切换角标命令是把角度标注对象在角度标注、弦长标注与新标准的弧长标注三种模式之间切换。

单击【切换角标】命令,命令行窗口提示如下。

请选择天正角度标注:点取角度标注或者弦长标注,切换为其他模式显示;

请选择天正角度标注:以回车结束命令

重复执行【切换角标】命令,选择同一个角度标注,切换三种标注方式。

十一、尺寸转化

尺寸转化命令是将AutoCAD尺寸标注对象转化为天正标注对象。转化后的尺寸就可以运用天正中的尺寸编辑命令进行编辑操作,提高了绘图效率。

第九章　符号标注

按照国标规定的建筑工程符号画法,天正提供了自定义符号标注对象可方便地绘制剖切号、指北针、箭头、详图符号、引出标注等工程符号,且修改极其方便。

针对总图制图规范的要求,天正提供了符合规范的坐标标注和标高标注符号,适用于各种坐标系下对米单位和毫米单位的总图平面图。

第一节　坐标和标高符号

坐标标注在工程制图中用来表示某个点的平面位置,而标高标注则是用来表示某个点的高程或者垂直高度,标高有绝对标高和相对标高的概念,相对标高则是设计单位设计的,一般是室内一层地坪,与绝对标高有相对关系。天正分别定义了坐标对象和标高对象来实现坐标和标高的标注,这些符号的画法符合国家制图规范的工程符号图例。

一、标注状态设置

标注的状态分动态标注和静态标注两种,移动和复制后的坐标受状态开关项的控制。

动态标注状态下,移动和复制后的坐标数据将自动与当前坐标系一致,适用于整个DWG文件仅仅布置一个总平面图的情况。

静态标注状态下,移动和复制后的坐标数据不改变原值,例如在一个DWG上复制同一总平面,绘制绿化、交通等不同类别的图纸,此时只能使用静态标注。①

二、坐标标注

本命令在总平面图上标注测量坐标或者施工坐标。下面以图9-1所示的坐标标注为例讲述坐标标注的方法。

操作步骤:

第一,单击【符号标注】,弹出子菜单,单击【坐标标注】命令,命令行窗口提示如下。

请点取标注点或[设置(S)\批量标注(Q)]<退出>:S

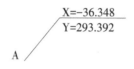

图9-1　坐标标注图

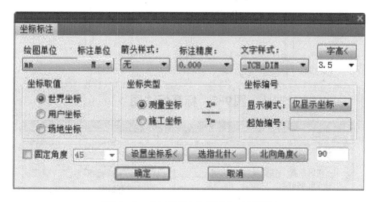

图9-2　注坐标点设置对话框

首先要了解当前图形中的绘图单位是否是毫米,图形的当前坐标原点和方向是否与设计坐标系统一致;如果有不一致之处,需要键入S设置绘图单位、设置坐标方向和坐标基准点,显示注坐标点对话框如图9-2所示。若勾选"固定角度"复选框后,此时坐标引线会在选定的角度给出。若未勾选则坐标引线可任意倾斜,系统默认不勾选。

第二,在其中单击下拉列表设置绘图单位是mm,标注单位也是mm,单击【确定】按钮返回命令行。

请点取标注点或[设置(S)\批量标注(Q)]<退出>:点取A点。

点取坐标标注方向<退出>:拖动点取确定坐标标注方向。

请点取标注点或[设置(S)\批量标注(Q)]<退出>:

三、标高标注

标高标注命令既可以标注平面图、立剖面图中的楼面标高标注,还可以标注总平面图中的地坪标高标注、绝对标高和相对标高的关联标注,标注结果满足《总图制图标准》(GB/T 50103—2010)对标高图例的要求。下面以图9-3所示的标高标注为例讲述标高标注的方法。

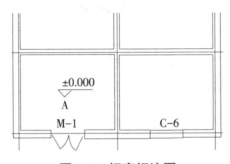

图9-3 标高标注图

图9-4 【标高标注】对话框

操作步骤:

第一,单击【标高标注】命令,弹出【标高标注】对话框,如图9-4所示,对话框内的控件说明如下。

[文字齐线端]规定标高文字的取向,勾选后文字总是与文字基线端对齐;去除勾选表示文字与标高三角符号一端对齐,与符号左右无关。

[楼层标高自动加括号]按《房屋建筑制图统一标准》10.8.6的规定绘制多层标高,勾选后除第一个楼层标高外,其他楼层的标高加括号。

[标高说明自动加括号]是否在说明文字两端添加括号,勾选后说明文字自动添加括号。

[自动对齐]图标按钮仅用于建筑标高,按下后,后面注写的各个标高符号均保持同一方向,并竖向对齐,适用于立面图和剖面图中的多个标高标注。

[手工输入]默认不勾选,自动取光标所在的 Y 坐标作为标高,当勾选时,要求在表格内输入楼层标高。

第二,在绘图区单击,命令行窗口提示如下。

请点取标高点或[参考标高点(R)]<退出>:在 A 点单击。

请点取标高方向<退出>:选 A 点有上侧。

下一点或[第一点(F)]<退出>:

绘制结果如图9-3所示。

四、标高对齐

标高对齐命令用于把选中的所有标高按新点取的标高位置或参考标高位置竖向对齐。如果当前标高采用的是带基线的形式,则还需要再点取一下基线对齐点。下面以图9-5所示的标高标注为例讲述标高对齐的方法。

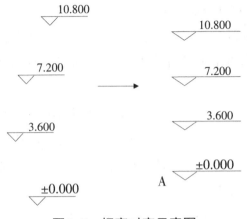

图9-5　标高对齐示意图

操作步骤:

单击【标高对齐】命令,命令行窗口提示如下。

请选择需对齐的标高标注或[参考对齐(Q)]<退出>:选取需对齐
的标高。

请选择需对齐的标高标注:

请点取标高对齐点<不变>:选A点。

编辑结果如图9-5所示。

第二节　工程符号标注

工程符号标注是在天正图中添加具有工程含义的图形符号对象,
并符合建筑制图的要求。

一、箭头引注

箭头引注的功能是绘制带有箭头的引出标注。下面以图9-6所示
的箭头引注为例讲述箭头引注的方法。

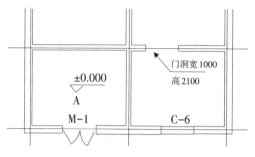

图9-6　箭头引注图

图9-7　【箭头引注】对话框

操作步骤：

第一，单击【箭头引注】命令，打开【箭头引注】对话框，如图9-7所示。对话框内的控件说明如下。

在对话框中输入引线端部要标注的文字，可以从下拉列表选取命令保存的文字历史记录，也可以不输入文字只画箭头，对话框中还提供了更改箭头长度、样式的功能，箭头长度按最终图纸尺寸为准，以mm为单位给出。

[上标注文字]把文字内容标注在引出线上。

[下标注文字]把文字内容标注在引出线下。

[文字样式]设定用于引出标注的文字样式。

[对齐方式]有"齐线中""齐线端""在线端"3种。当选择"在线端"时，不可输入下标文字。

[箭头样式]下拉列表中包括"箭头""半箭头""点""十字"和"无"5种，可任选一项指定箭头的形式。

[字高<]以最终出图的尺寸(毫米),设定字的高度。

第二,在对话框中输入图9-7中箭头引注的内容,同时命令行窗口提示如下。

箭头起点或[点取图中曲线(P)/点取参考点(R)]<退出>:点图9-6门洞内一点;

直段下一点[弧段(A)/回退(U)]<结束>:画出斜线;

直段下一点[弧段(A)/回退(U)]<结束>:画出水平直线;

直段下一点[弧段(A)/回退(U)]<结束>:

完成门洞的箭头引注,绘制结果如图9-6所示。①

二、引出标注

引出标注的功能是对多个标注点进行说明性的文字标注,自动按端点对齐文字,具有拖动自动跟随的特性。下面以图9-8所示的引出标注为例讲述引出标注的方法。

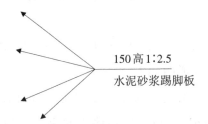

图9-8　引出标注图

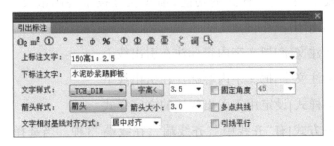

图9-9　【引出标注】对话框

①顾叶环. 基于AutoCAD二次开发的参数化绘图设计研究与应用[D]. 合肥:安徽建筑大学,2017.

操作步骤：

第一，单击【引出标注】命令，打开【引出标注】对话框，如图9-9所示。对话框内与【箭头引注】对话框内不同的控件说明如下。

[固定角度]引出线的固定角度，勾选后引线角度不随拖动光标改变，从0°~90°可选。

[多点共线]增加其他标注点时，这些引线与首引线共线添加，适用于立面和剖面的材料标注。

[引线平行]增加其他标注点时，这些引线与首引线平行，适用于类似钢筋标注等场合。

[文字相对基线对齐]下拉列表中包括"始端对齐""居中对齐"和"末端对齐"三种文字对齐方式。

第二，在对话框【上标注文字】中输入"150高1∶2.5"，【下标注文字】中输入"水泥砂浆踢脚板"，同时命令行窗口提示如下。

请给出标注第一点<退出>：点取标注引线上的第一点；

输入引线位置或[更改箭头型式（A）]<退出>：单击引线位置；

点取文字基线位置<退出>：取文字基线上的结束点；

输入其他的标注点<结束>：点取第二条标注引线上端点；

⋯⋯

输入其他的标注点<结束>：

请给出标注第一点<退出>：

完成引出标注，绘制结果如图9-8所示。

三、做法标注

做法标注的功能是在施工图纸上标注工程的材料做法，下面以图9-10所示的做法标注为例讲述做法标注的方法。

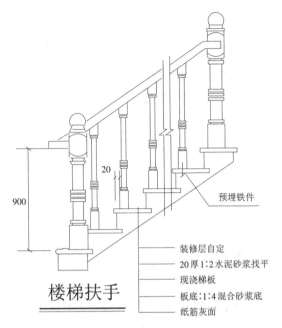

图9-10　做法标注图

图9-11　【做法标注】对话框

操作步骤：

第一,单击【做法标注】命令,打开【做法标注】对话框,如图9-11所示。对话框内的控件说明如下。

[多行编辑框]输入多行文字,每一行文字写入一条基线上,可随宽度自动换行。

[文字在线端]文字内容标注在文字基线线端,为一行表示,用于建筑图。

[文字在线上]文字内容标注在文字基线线上,按基线长度自动换行,用于装修图。

[圆点大小]勾选圆点大小复选框,可以在引出线上增补分层标注圆点。

第二,在文字框内分行输入图9-11所示内容,同时命令行窗口提示如下。

请给出标注第一点<退出>:点取标注引线起点;

请给出文字基线位置<退出>:点取标注引线上的转折点;

请给出文字基线方向和长度<退出>:拉伸点取文字基线的末端定点;

请给出标注第一点<退出>:

完成做法标注,绘制结果如图9-10所示。

四、索引符号

索引符号命令是为图中另有详图的某一部分标注索引号,指出表示这些部分的详图在哪张图上,分为"指向索引"和"剖切索引"两类。下面以图9-12所示的标注过程为例讲述索引符号标注的方法。

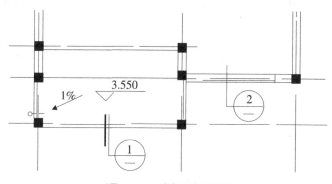

图9-12　剖切索引图

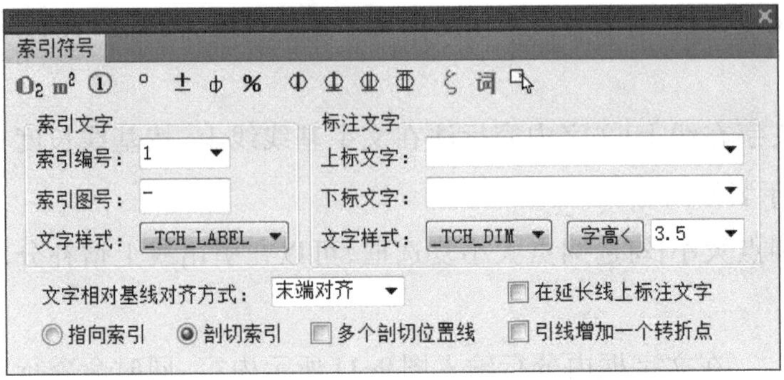

图 9-13 【索引符号】对话框

操作步骤：

第一，单击【索引符号】命令，打开【索引符号】对话框，如图 9-13 所示。

其中控件功能与【引出标注】命令类似，区别在本命令分为"指向索引"和"剖切索引"两类，标注时按要求选择标注类型。

勾选"在延长线上标注文字"复选框，上标文字和下标文字均标注于索引圈外侧延长线上。通常适用于索引图集的标注。

第二，选择【剖切索引】在对话框中填入适当的选项，选项填入内容如图 9-13 所示，命令行窗口提示如下。

请给出索引节点的位置<退出>：点取屋顶边一点；

请给出转折点位置<退出>：打开正交，拖动点取索引引出线的转折点；

请给出文字索引号位置<退出>：点取插入索引引出线结束点；

请给出剖视方向<当前>：拖动点选剖视方向；

请给出索引节点的位置<退出>：

以上完成屋顶的剖切索引，绘制结果见图 9-12 所示。

第三，选择【指向索引】在对话框中填入适当的选项，选项填入内容如图 9-14 所示，命令行窗口提示。

请给出索引节点的位置<退出>：点取需索引的部分；

请给出索引节点的范围<0.0>：拖动圆上一点，单击定义范围；

请给出转折点位置<退出>:拖动点取索引引出线的转折点;

请给出文字索引号位置<退出>:点取插入索引引出线结束点;

请给出索引节点的位置<退出>:

以上完成散水的指向索引,绘制结果如图9-15所示。

图9-14 【索引符号】对话框

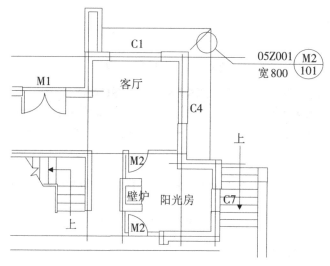

图9-15 指向索引图

五、索引图名

索引图名命令是为图中被索引的详图标注索引图名,下面以图9-16所示的标注过程为例讲述索引图名标注的方法。

操作步骤：

单击【索引图名】命令，打开【索引图名】对话框，如图9-17所示。命令行窗口提示如下。

请点取标注位置<退出>：在图中选择标注位置。

结果如图9-16所示。

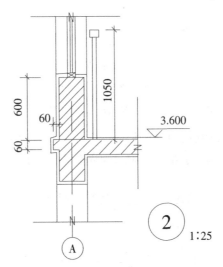

图9-16　索引图名图

图9-17　【索引图名】对话框

六、剖切符号

剖切符号命令是用于图中标注制图标准规定的剖切符号，用于定义编号的剖面图，表示剖切断面上的构件以及从该处沿视线方向可见的建筑部件，生成剖面时执行【建筑剖面】与【构件剖面】命令需要事先绘制此符号，用以定义剖面方向。下面以图9-18所示的标注过程为例讲述剖切符号标注的方法。

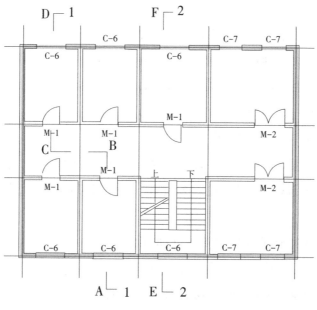

图9-18　剖切符号图

图9-19　【剖切符号】对话框

工具栏从左到右,分别是"正交剖切""正交转折剖切""非正交转折剖切""断面剖切"命令共4种剖面符号的绘制方式。勾选【剖面图号】,可在剖面符号处标注索引的剖面图号,右边的标注位置、标注方向、字高、文字样式都是有关剖面图号的,剖面图号的标注方向有两个:剖切位置线与剖切方向线。

操作步骤:

第一,单击【剖切符号】命令,打开【剖切符号】对话框,如图9-19所示。【剖切符号】内输入1,单击【正交转折剖切】图标后,命令行窗口提示如下。

点取第一个剖切点<退出>:点取A点;

点取第二个剖切点<退出>:点取B点;

点取下一个剖切点<结束>:点取C点;

点取下一个剖切点<结束>:点取D点;

点取下一个剖切点<结束>:

点取剖视方向<当前>:向右点取指示剖视方向。

第二,【剖切符号】内输入2,单击【正交剖切】图标后,命令行窗口提示如下。

点取第一个剖切点<退出>:点取E点;

点取第二个剖切点<退出>:点取F点;

点取剖视方向<当前>:向右点取指示剖视方向;

点取第一个剖切点<退出>:

结果如图9-18所示。

七、画指北针

画指北针命令是在图上绘制一个国标规定的指北针符号,从插入点到橡皮线的终点定义为指北针的方向,这个方向在坐标标注时起指示北向坐标的作用。

在天正建筑中,指北针文字从属于指北针对象,指北针文字内容默认是中文"北"字,文字内容和方向可通过特性表修改;单击【设置】,拉出下一级菜单,单击【天正选项】命令,在【天正选项】对话框内的天正高级选项卡中(图9-20)可设置文字方向的绘图规则,默认"沿Y轴方向",可改为"沿半径方向",如图9-21所示。

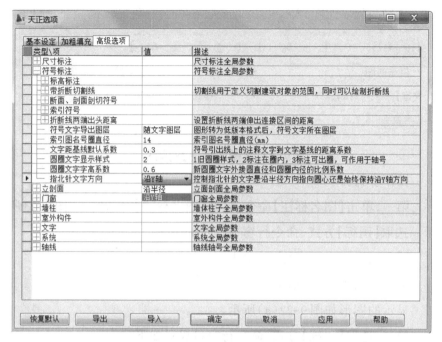

图9-20 【天正选项】对话框

指北针示意图部分

图9-21 指北针示意图

八、图名标注

图名标注命令是在每个图形下方标出该图的图名,并且同时标注比例,比例变化时会自动调整其中文字到合理大小。下面以图9-22所示的图名标注过程为例讲述图名标注的方法。

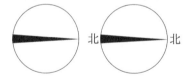

一层平面图 1:100

（a）图名标注1

一层平面图 1:100

（b）图名标注2

图9-22 图名标注示意图

图9-23 【图名标注】对话框

操作步骤：

第一，单击【图名标注】命令，打开【图名标注】对话框，如图9-23所示。选取【国标】方式，命令行窗口提示如下。

请点取插入位置<退出>：单击图名插入位置。

请点取插入位置<退出>：

显示的图形如图9-22(a)所示。

第二，选取【传统】方式，命令行窗口提示如下。

请点取插入位置<退出>：单击图名插入位置。

请点取插入位置<退出>：

显示的图形如图9-22(b)所示。

第十章　立　面　图

　　绘制完工程的各层平面图后,需要绘制立面图表达建筑物的立面设计细节,受三维模型细节和视线方向建筑物遮挡的影响,天正立面图形是通过平面图构件中的三维信息进行消隐获得的纯粹二维图形,除了符号与尺寸标注对象以及门、窗、阳台图块是天正自定义对象外,其他图形构成元素都是 AutoCAD 的基本对象。

第一节　立面的创建

　　立面的创建一般可以采用天正命令通过已绘制的建筑平面图自动生成。

一、建筑立面

　　本命令按照【工程管理】命令中的数据库楼层表格数据,一次生成多层建筑立面,在当前工程为空的情况下执行本命令,会出现警告对话框:请打开或新建一个工程管理项目,并在工程数据库中建立楼层表!

　　在【工程管理】命令界面上,通过新建工程——添加图纸(平面图)的操作建立工程,在工程的基础上定义平面图与楼层的关系,从而建立平面图与立面楼层之间的关系,支持如下两种楼层定义方式:每层平面设计一个独立的图形文件集中放置于同一个文件夹中,这时先要确定是否每个标准层都有共同的对齐点,默认的对齐点在原点(0,0,

0)的位置。应用时,建议使用开间与进深方向的第一轴线交点;允许多个平面图绘制到一个图形中,然后在楼层栏的电子表格中分别为各自然层在图形中指定标准层平面图,同时也允许部分标准层平面图通过其他图形文件指定,提高了工程管理的灵活性。①

现将已经完成建筑底层平面图和其他层平面图放置在一个图形文件中,建立一个工程管理项目,然后生成立面图。下面以图10-1所示的立面图为例讲述建筑立面的创建方法。

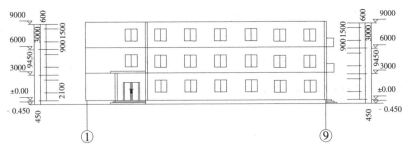

图10-1 立面图

操作步骤:

第一,打开各层平面图,如图10-2所示。

第二,执【工程管理】命令,选取新建工程,出现新建工程对话框,如图10-3所示。在【文件名】中输入文件名称为立面,然后单击【保存】按钮。

第三,点开楼层下拉按钮,如图10-4所示。

单击【在当前图中框选楼层范围】这时命令行窗口提示如下。

选择第一个角点<取消>:点选底层平面图的左下角;

另一个角点<取消>:点选底层平面图的右上角;

对起点<取消>:点选纵、横第一道轴线的交点。

成功定义楼层!

此时将所选楼层定义为第一层,如图10-5所示。然后重复上面的操作完成其他层的定义,如图10-6所示。

①杨小玉. 基于AutoCAD的建筑制图应用分析[J]. 电子测试,2014(18):156-158.

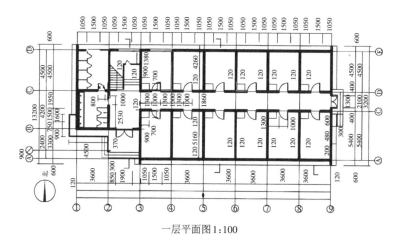

一层平面图1:100

图10-2　平面图

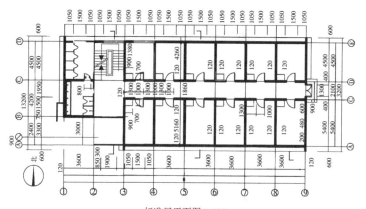

标准层平面图1:100

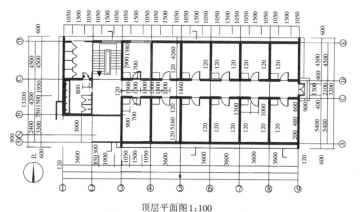

顶层平面图1:100

图10-2　平面图（续）

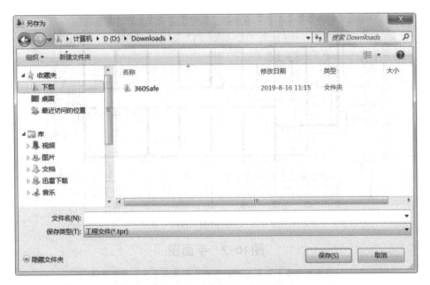

图10-3　新建工程管理

图10-4　【楼层】下拉菜单

图10-5　定义第一层

图10-6　定义楼层

然后单击【建筑立面】,命令行窗口提示如下。

请输入立面方向或[正立面(F)/背立面(B)/左立面(L)/右立面(R)]<退出>:F

请选择要出现在立面图上的轴线:选择同立面方向上的开间或进深轴线,选轴号无效。

请选择要出现在立面图上的轴线:

第四,打开【立面生成设置】对话框,如图10-7所示。在该对话框中输入标注数值,然后单击【生成立面】按钮,弹出【输入要生成的文件】对话框,如图10-8所示,在此对话框中输入要生成的立面图名称。

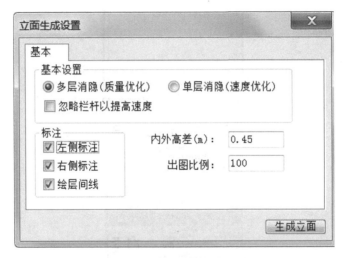

图10-7 【立面生成设置】对话框

图10-8 【输入要生成立面文件】对话框

第五,单击【保存】按钮,即可在指定位置生成立面图,如图10-1所示。因为该立面是软件自动生成,所以不够完善,需要后期完善,使图形更加完整、美观。

二、构件立面

构件立面命令用于生成当前标准层、局部构件或三维图块对象在选定方向上的立面图与顶视图。下面以图10-9所示的构件立面图为例讲述构件立面的创建方法。

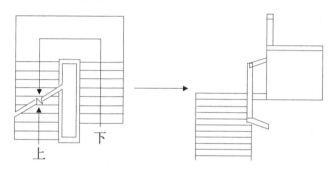

图10-9　构件立面

操作步骤:

单击【立面】,打开下一级菜单,单击【构件立面】命令,命令行窗口提示如下。

请输入立面方向或[正立面(F)/背立面(B)/左立面(L)/右立面(R)]<退出>:F

请选择要生成立面的建筑构件:点取楼梯平面对象。

请选择要生成立面的建筑构件:

请点取放置位置:选择楼梯立面的位置。

绘制结果如图10-9所示,因为该立面是软件自动生成,所以不够完善,需要后期完善,使图形更加完整、美观。

第二节 立 面 编 辑

一、立面门窗

立面门窗命令用于替换、添加立面图上门窗,可处理带装饰门窗套的立面门窗,并提供了与之配套的立面门窗图库。下面以图10-10所示的立面图绘制过程为例讲述构件立面门窗的创建方法,立面原图如图10-1所示。

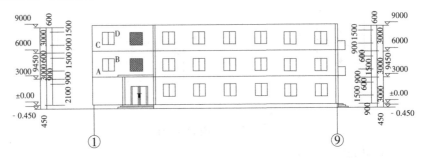

图10-10 生成的立面图

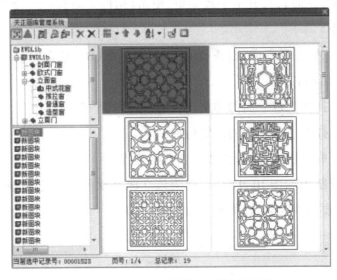

图10-11 【天正图库管理系统】对话框

操作步骤：

第一，替换已有门窗的操作。单击【立面门窗】命令，打开【天正图库管理系统】对话框，如图10-11所示。

第二，在图库中选择所需门窗图块，然后单击上方的门窗【替换】图标，命令行窗口提示如下。

选择图中将要被替换的图块！

选择对象：选取已有的图。

选择对象：

第三，直接插入门窗的操作。在图库中双击所需门窗图块，命令行窗口提示如下。

点取插入点[转90（A）/左右（S）/上下（D）/对齐（F）/外框（E）/转角（R）/基点（T）/更换（C）]<退出>：E

第一个角点或[参考点（R）]<退出>：选取门窗洞口的左下角点A；

另一个角点：选取门窗洞口的右上角B。

重复上面操作生成C-D范围的窗。

绘制结果如图10-10所示。

二、门窗参数

门窗参数命令功能可以修改生成的立面门窗尺寸以及门窗的底标高。如果在交互时选择的门窗大小不一，会出现这样的提示。

底标高从X到XX00不等；高度从XX00到XX00不等；宽度从X00到XX00不等。

输入新尺寸后，不同尺寸的门窗会统一更新为新的尺寸。

三、立面窗套

立面窗套命令为已有的立面窗创建全包的窗套或者窗楣线和窗台线。下面以图10-12、图10-13所示的立面窗套绘制过程为例讲述构件立面窗套的创建方法。

图10-12　加窗前套

图10-13　加窗套后

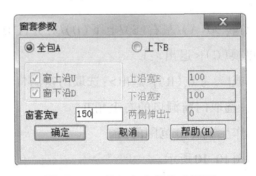

图10-14　【窗套参数】对话框

操作步骤：

第一，单击【立面窗套】命令，命令行窗口提示如下。

请指定窗套的左下角点<退出>：选择窗的左下角；

请指定窗套的右上角点<退出>：选择窗的右上角。

第二，此时打开【窗套参数】对话框，选择全包模式，如图10-14所示，输入窗套宽数值150，然后单击"确定"按钮绘制窗套。

结果如图10-13所示。

四、立面阳台

立面阳台命令用于替换、添加立面图上阳台，其操作方法与立面门窗命令一致。

五、立面屋顶

立面屋顶命令可绘制包括平屋顶、单坡屋顶、双坡屋顶、四坡屋顶与歇山屋顶的正立面和侧立面、组合的屋顶立面、一侧与其他物体(墙体或另一屋面)相连接的不对称屋顶。

立面屋顶命令提供编组功能,将构成立面屋顶的多个对象进行组合,以便整体复制与移动;当需要对组成对象进行编辑时,请单击状态行新增的"编组"按钮,使按钮弹起后将立面屋顶解组,编辑完成后单击按下该按钮,即可恢复立面屋顶编组。也可在创建立面屋顶前事先将"编组"按钮弹起,生成不作编组的立面屋顶。[1]

下面以图 10-15 所示的立面图绘制过程为例讲述立面屋顶的创建方法,立面原图如图 10-1 所示。

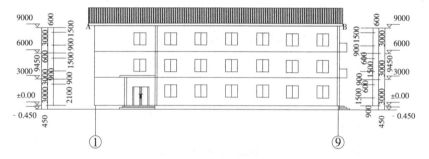

图 10-15　生成的立面屋顶图

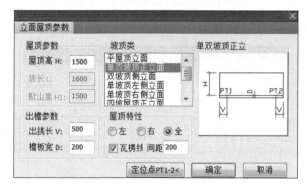

图 10-16　【立面屋顶参数】对话框

①尚明玥,张楼. AutoCAD 在建筑行业中的应用技巧[J]. 黑龙江科技信息,2013(32):157-158.

操作步骤：

第一，单击【立面屋顶】命令，打开【立面屋顶参数】对话框，如图 10-16 所示。对话框内控件说明如下。

[屋顶高]各种屋顶的高度，即从基点到屋顶最高处。

[坡长]坡屋顶倾斜部分的水平投影长度。

[屋顶特性]"左""右"以及"全"3 个互锁按钮默认是左右对称出挑。假如一侧相接于其他墙体或屋顶，应将此侧"左"或"右"关闭。

[出挑长]在正立面时为出山长；在侧立面时为出檐长。

[檐板宽]檐板的厚度。

第二，在【坡顶类】中选择"单双坡顶正立面"，并输入相应的参数，然后单击【定位点 PT1-2<】选择屋顶两端的点，命令行窗口提示如下。

请点取墙顶角点 PT1<返回>：选 A 点；

请点取墙顶角点 PT2<返回>：选 B 点。

第三，最后单击【确定】按钮，完成操作。绘制结果如图 10-15 所示。

六、立面轮廓

立面轮廓命令自动搜索建筑立面外轮廓，在边界上加一圈粗实线，但不包括地坪线在内。下面以图 10-17 所示的立面图绘制过程为例讲述立面轮廓的绘制方法。

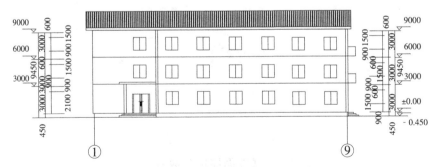

图 10-17　立面轮廓图

操作步骤：

单击【立面轮廓】命令，命令行窗口提示如下。

选择二维对象：选择外墙边界线和屋顶线。

请输入轮廓线宽度<0>：100

成功的生成了轮廓线。

绘制结果如图10-17所示。

第十一章 剖面图

绘制完工程的各层平面图后,需要绘制剖面图表达建筑物的剖面设计细节,受三维模型细节和视线方向建筑物遮挡的影响,天正剖面图形也是通过平面图构件中的三维信息进行消隐获得的纯粹二维图形,除了符号与尺寸标注对象以及门窗阳台图块是天正自定义对象外,其他图形构成元素都是 AutoCAD 的基本对象,提供了对墙线的加粗和填充命令。

第一节 剖面图的创建

剖面图的创建一般是指采用天正命令通过已绘制的建筑平面图自动生成。

一、建筑剖面

本命令按照【工程管理】命令中的数据库楼层表格数据,一次生成多层建筑剖面,在当前工程为空的情况下执行本命令,会出现警告对话框:请打开或新建一个工程管理项目,并在工程数据库中建立楼层表。下面以图 11-1 所示的剖面图为例讲述建筑剖面的创建方法。

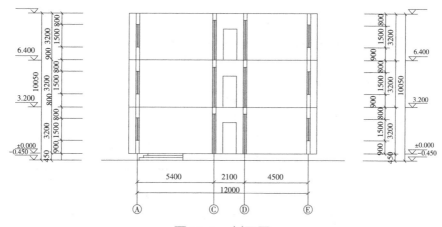

图 11-1　剖面图

操作步骤：

第一,打开各层平面图,如图 11-2 所示。

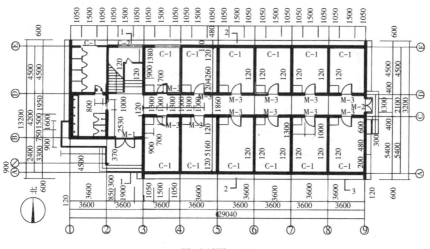

一层平面图 1:100

图 11-2　平面图

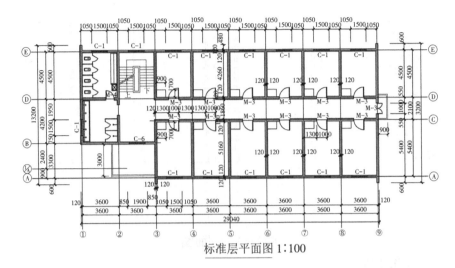

标准层平面图 1:100

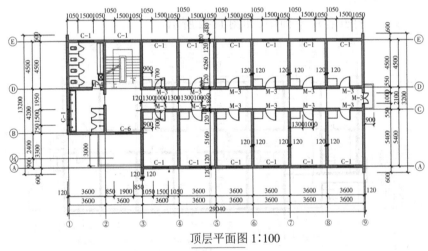

顶层平面图 1:100

图11-2 平面图（续）

第二,在首层确定剖面剖切位置,然后建立工程项目,执行【建筑剖面】命令,在工程管理框中单击【建筑剖面】按钮,命令行窗口提示如下。

请选择一剖切线:点取首层平面图中的2-2剖切线。

请选择要出现在剖面图上的轴线:点取A、C、D、E轴线。

请选择要出现在剖面图上的轴线:

第三,弹出【剖面生成设置】对话框,如图11-3所示,在对话框输入需要的数值,然后单击【剖面生成】按钮。

第四,弹出【输入要生成的文件】对话框,如图11-4所示,在此对话框中输入要生成的剖面图名称。

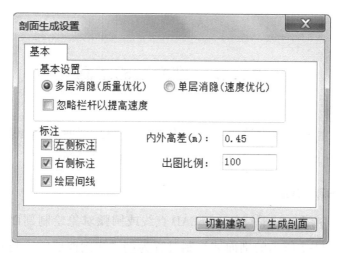

图11-3 【剖面生成设置】对话框

图11-4 【输入要生成立面文件】对话框

第五,单击【保存】按钮,即可在指定位置生成立面图,如图11-1所示。因为该剖面是软件自动生成的,所以不够完善,需要后期完善,使图形更加完整。①

---

①李宏俭.CAD高效绘制建筑专业图的实用技术[J].智能建筑与城市信息,2013(02):99-102.

二、构件剖面

本命令用于生成当前标准层、局部构件或三维图块对象在指定剖视方向上的剖视图。具体的操作方法可参照第十章第一节。

第二节　剖面图的绘制

本节主要讲述直接绘制剖面图时用到的画剖面墙、双线楼板、预制楼板、加剖断梁、剖面门窗、剖面檐口和门窗过梁等命令。

一、画剖面墙

本命令用一对平行的 AutoCAD 直线或圆弧对象绘制剖面双线墙，下面以图 11-5 所示的剖面墙绘制过程为例讲述剖面墙的绘制方法。

A

图 11-5　画剖面墙

操作步骤：

第一，点击【绘制轴网】命令，在【下开间】中输入 2400，4200，4500，命令行窗口提示。

单向轴线长度<1000>:10100

请选择插入点[旋转90°(A)/切换插入点(T)/左右翻转(S)/上下翻转(D)/改转角(R)]:在绘图区单击。

单向轴线长度<1000>:

第二，点击【剖面】，再单击【画剖面墙】命令，命令行窗口提示如下。

请点取墙的起点(圆弧墙宜逆时针绘制)/F-取参照点/D-单段/<退出>:F

请给出墙的参照点:点取 A 点。

请点取墙的起点(圆弧墙宜逆时针绘制)/F-取参照点/D-单段/<退出>:450(在 A 点上方)

墙厚当前值:左墙 120,右墙 240

请点取直墙的下一点/弧墙(A)/墙厚(W)/取参照点(F)/回退(U)/<结束>:W

请输入左墙厚<120>:120

请输入右墙厚<120>:120

请点取直墙的下一点/弧墙(A)/墙厚(W)/取参照点(F)/回退(U)/<结束>:9600

第三,运用COPY命令复制出其他墙体。

绘制的墙体如图 11-5 所示。

二、双线楼板

本命令用一对平行的AutoCAD直线绘制剖面双线楼板,下面以图11-6所示的双线楼板绘制过程为例讲述双线楼板的绘制方法。

操作步骤:

第一,点击【双线楼板】命令,命令行窗口提示如下。

请输入楼板的起始点<退出>:点取 B 点;

结束点<退出>:点取 C 点;

楼板顶面标高<-83249>:回车;

楼板的厚度(向上加厚输负值)<200>:120

结束命令后,按指定位置绘出双线楼板。

第二,运用COPY命令复制出其他层楼板。

绘制的双线楼板如图 11-6 所示。

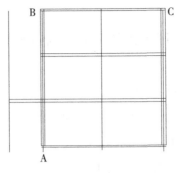

图11-6　双线楼板图

三、剖面门窗

　　剖面门窗命令可连续插入剖面门窗（包括含有门窗过梁或开启门窗扇的非标准剖面门窗），可替换已经插入的剖面门窗，此外还可以修改剖面门窗高度与窗台高度值，下面以图11-7所示的剖面门窗绘制过程为例讲述剖面门窗的绘制方法。

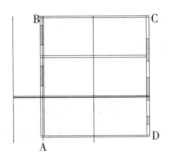

图11-7　剖面门窗图

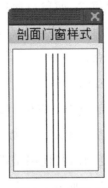

图11-8　【剖面门窗样式】对话框

操作步骤：

第一，点击【剖面门窗】命令，显示【剖面门窗样式】对话框，如图11-8所示。其中显示默认的剖面门窗样式，可以进行样式选择。命令行窗口提示如下。

请点取剖面墙线下端或[选择剖面门窗样式（S）/替换剖面门窗（R）/改窗台高（E）/改窗高（H）]<退出>：点取D点。

门窗下口到墙下端距离<900>：900

门窗的高度<1500>：580

输入数值后，即按所需插入剖面门窗，然后命令返回如上提示，以上一个距离为默认值插入下一个门窗，插入基点移到刚画出的门窗顶端，循环反复。

绘制的结果如图11-7所示。

四、剖面檐口

剖面檐口命令是在剖面图中绘制剖面檐口。下面以图11-9所示的剖面檐口绘制过程为例讲述剖面檐口的绘制方法。

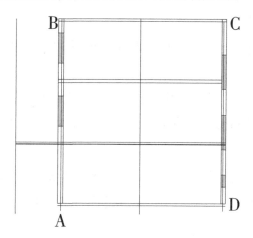

图11-9　剖面檐口图

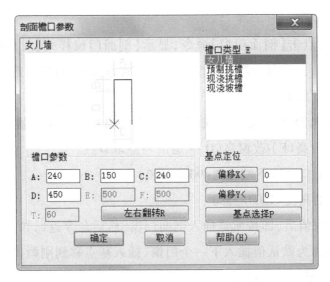

图11-10 【剖面檐口参数】对话框

操作步骤：

第一，点击【剖面檐口】命令，显示【剖面檐口参数】对话框，如图11-10所示。对话框内控件说明如下。

[檐口类型]选择当前檐口的形式，有四个选项：女儿墙、预制挑檐、现浇挑檐和现浇坡檐。

[檐口参数]确定檐口的尺寸及相对位置。"左右翻转R"可使檐口作整体翻转。

[基点定位]确定屋顶的基点与屋顶的角点的相对位置。

第二，在【檐口参数】中输入数据，然后单击【确定】，命令行窗口显示如下。

请给出剖面檐口的插入点<退出>：选择B点插入檐口。

第三，重复第一、第二的步骤，在【檐口参数】中，点击"左右翻转R"命令行窗口显示如下。

请给出剖面檐口的插入点<退出>：选择C点插入檐口。

绘制结果如图11-9所示。

五、门窗过梁

门窗过梁命令可在剖面门窗上方画出给定梁高的矩形过梁剖面,带有灰度填充。下面以图11-11所示的门窗过梁绘制过程为例讲述门窗过梁的绘制方法。

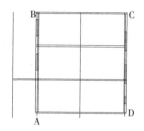

图11-11　门窗过梁图

操作步骤:

第一,点击【门窗过梁】命令,命令行窗口显示如下。

选择需加过梁的剖面门窗:点取要添加过梁的剖面门窗

......

选择需加过梁的剖面门窗:

输入梁高<120>:120

绘制结果如图11-11所示。

六、加剖断梁

加剖断梁命令在剖面楼板处按给出尺寸加梁剖面,剪裁双线楼板底线。下面以图11-12所示的剖断梁绘制过程为例讲述加剖断梁的绘制方法。

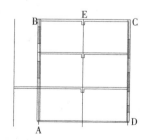

图11-12　加剖断梁图

操作步骤：

第一，点击【加剖断梁】命令，命令行窗口显示如下。

请输入剖面梁的参照点<退出>：点取楼板顶面的定位参考点 E。

梁左侧到参照点的距离<100>：150

梁右侧到参照点的距离<100>：150

梁底边到参照点的距离<300>：500，键入包括楼板厚在内的梁高。

第二，按照上面的方法绘制其他位置的剖断梁。

加剖断梁的绘制结果如图 11-12 所示。[①]

第三节　剖面楼梯与栏杆绘制

本节主要讲述通过命令直接绘制剖面楼梯和栏杆。

一、参数楼梯

参数楼梯命令可以按照参数交互方式绘制剖切到的和可见的楼梯段。下面以图 11-13 所示的楼梯绘制过程为例讲述参数楼梯的绘制方法。

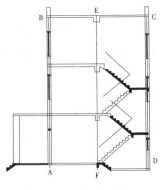

图 11-13　参数楼梯图

①王宇翔. 运用 AutoCAD 高效绘制建筑平面图的几点技巧[J]. 福建电脑，2012，28
（12）：160-162.

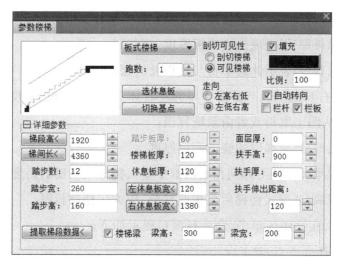

图 11-14 【参数楼梯】对话框

操作步骤:

第一,点击【参数楼梯】命令,显示【参数楼梯】对话框,如图 11-14 所示,对话框控件的说明如下。

[梯段类型列表]选定当前梯段的形式,有梁式现浇 L 形、梁式 △ 形和梁式预制四种。

[跑数]默认跑数为 1,在无模式对话框下可以连续绘制,此时各跑之间不能自动遮挡,跑数大于 2 时各跑间按剖切与可见关系自动遮挡。

[剖切可见性]用以选择画出的梯段是剖切部分还是可见部分。

[自动转向]在绘制多层的双跑楼梯时,楼梯走向会自动更换。

[选休息板]用于确定是否绘出左右两侧的休息板:全有、全无、左有和右有。

[切换基点]确定基点在楼梯上的位置,在左右平台板端部切换。

[填充]以颜色填充剖切部分的梯段和休息平台区域,可见部分不填充。

[梯段高<]当前梯段左右平台面之间的高差。

[梯段长<]当前楼梯间总长度,可以单击按钮从图上取两点获得,也可以直接键入,是等于梯段长度加左右休息平台宽的常数。

[踏步板厚]梁式预制楼梯和现浇L形楼梯时使用的踏步板厚度。

[楼梯板厚]用于现浇楼梯板厚度。

[休息板厚]表示休息平台与楼板处的楼板厚度。

[左（右）休息板]当前楼梯间的左右休息平台（楼板）宽度，可以直接键入、从图上取得或者由系统算出。

[面层厚]当前梯段的装饰面层厚度。

[楼梯梁]勾选后，分别在编辑框中输入楼梯梁剖面的高度和宽度。

[斜梁高]选梁式楼梯后出现此参数，应大于楼梯板厚。

第二，在绘图区单击，命令行窗口提示如下。

请选择插入点：选F点

......

请选择插入点：

此时即可在指定位置生成剖面梯段，如图11-13所示。

第三，插入其他位置的梯段，如图11-13所示。

注意：直接创建的多跑剖面楼梯带有梯段遮挡特性，逐段叠加的楼梯梯段不能自动遮挡栏杆，可使用AutoCAD剪裁命令自行处理。[①]

二、参数栏杆

参数栏杆命令按参数交互方式生成楼梯栏杆。

操作步骤：

第一，点击【参数栏杆】命令，显示【剖面楼梯栏杆参数】对话框，如图11-15所示，在该对话框内输入数据。对话框控件的说明如下。

[栏杆列表框]列出已有的栏杆形式。

[入库]用来扩充栏杆库。

[删除]用来删除栏杆库中由用户添加的某一栏杆形式。

[步长数]指栏杆基本单元所跨越楼梯的踏步数。

---

①汪海芳.CAD2010绘制建筑图的几点实用技巧[J].科技信息,2012(16):244.

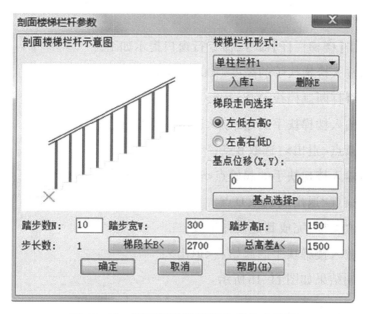

图11-15 【剖面楼梯栏杆参数】对话框

第二,单击【确定】按钮,命令行窗口显示如下。

请给出剖面楼梯栏杆的插入点<退出>:

三、楼梯栏杆

楼梯栏杆命令根据图层识别在双跑楼梯中剖切到的梯段与可见的梯段,按常用的直栏杆设计,自动处理两个相邻梯跑栏杆的遮挡关系。下面以图11-16所示的楼梯栏杆绘制过程为例讲述楼梯栏杆的绘制方法。

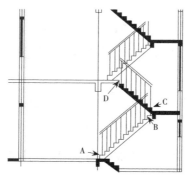

图11-16 楼梯栏杆图

操作步骤：

点击【楼梯栏杆】命令，命令行窗口提示如下。

请输入楼梯扶手的高度<1000>：900

是否打断遮档线<Y/N>?<Y>：Y

再输入楼梯扶手的起始点<退出>：选取 A 点；

结束点<退出>：选取 B 点；

再输入楼梯扶手的起始点<退出>：选取 C 点；

结束点<退出>：选取 D 点。

依次类推，完成其他栏杆生成……

再输入楼梯扶手的起始点<退出>：

绘制结果如图 11-16 所示。

四、扶手接头

扶手接头命令与剖面楼梯、参数栏杆、楼梯栏杆、楼梯栏板各命令均可配合使用，对楼梯扶手和楼梯栏板的接头作倒角与水平连接处理。下面以图 11-17 所示的楼梯栏杆扶手接头绘制过程为例讲述扶手接头的绘制方法。

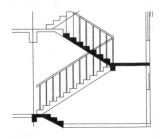

图 11-17　扶手接头示意图

操作步骤：

点击【扶手接头】命令，命令行窗口提示如下。

请输入扶手伸出距离<0.00>：120

请选择是否增加栏杆[增加栏杆（Y）/不增加栏杆（N）]<增加栏杆（Y）>：Y

请指定两点来确定需要连接的一对扶手!选择第一个角点<取消>：给出第一点；

另一个角点<取消>：给出对角点。

请指定两点来确定需要连接的一对扶手！选择第一个角点<取消>：

绘制结果如图11-17所示。

第四节　剖面填充与加粗

本节主要讲述通过命令直接对墙体、楼板和楼梯进行填充和加粗。

一、剖面填充

剖面填充命令将剖面墙线、楼板和楼梯按指定的材料图例作图案填充，与AutoCAD的图案填充使用条件不同，该命令不要求墙端封闭即可填充图案。下面以图11-18所示的剖面填充图绘制过程为例讲述剖面填充的创建方法。

操作步骤：

点击【剖面填充】命令，命令行窗口提示如下。

请选取要填充的剖面墙线梁板楼梯<全选>：

选择对象：选择要填充的墙线、梁板、楼梯。

选择对象：回车。

此时打开【请点取所需填充图案】对话框，如图11-19所示。选中填充图案为"涂黑"，然后单击【确定】按钮，此时即可在选定的位置生成剖面填充，如图11-18所示。

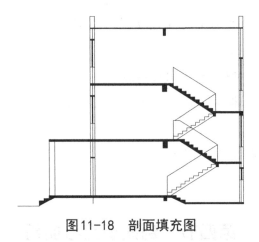

图11-18　剖面填充图

图11-19　【请点取所需填充图案】对话框

二、居中加粗

居中加粗命令将剖面图中的墙线向墙两侧加粗,下面以图11-20所示的居中加粗绘制过程为例讲述居中加粗的创建方法。

操作步骤:

点击【居中加粗】命令,命令行窗口提示如下。

请选取要变粗的剖面墙线梁板楼梯线(向两侧加粗)<全选>:

选择对象:选择墙线。

选择对象：

加粗结果如图11-21所示。

图11-20　原有未加粗图

图11-21　居中加粗图

三、向内加粗

向内加粗命令将剖面图中的墙线向墙内侧加粗，能做到窗墙平齐的出图效果。下面以图11-22所示的向内加粗绘制过程为例讲述向内加粗的创建方法。[①]

图11-22　原有未加粗图

图11-23　向内加粗图

---

①张百红，于小路. 使用AutoCAD绘图的几点技巧[J]. 中国西部科技，2004(13)：
10-12.

操作步骤:

点击【向内加粗】命令,命令行窗口提示如下。

请选取要变粗的剖面墙线梁板楼梯线(向内加粗)<全选>:

选择对象:选择墙线。

选择对象:

加粗结果如图11-23所示。

四、取消加粗

取消加粗命令将已加粗的剖面墙线恢复原状,但不影响该墙线已有的剖面填充。

第十二章　文件布图

在本章中主要讲述以下几点。

1.图纸布局的两种基本方法:适合单比例的模型空间布图与适合多比例的图纸空间布图。

2.按照图纸布局的不同方法,所采用的各种布图命令和图框库。

3.图形颜色转换的方法。

第一节　单比例布图

建筑对象在模型空间绘制时都是按1:1的实际尺寸创建的,当一张图纸内的所有图形均采用一个比例绘制时,只需在模型空间中插入图框后即可出图。

出图比例就是用户画图前设置的"当前比例",如果出图比例与画图前的"当前比例"不符,就要用【改变比例】修改图形,要选择图形的注释对象(包括文字、标注、符号等)进行更新。下面对单比例布图时所需要的命令进行讲述,当然这些命令在多比例布图时也要用到,只是用法不同。

一、插入图框

该命令可以插入 TArch 提供的图框和标题栏,插入时还可以根据需要选择是否带有会签栏,插入图框前按当前参数拖动图框,用于测试图幅是否合适。图框和标题栏均统一由图框库管理,能使用的标题栏和图框样式不受限制。下面以图 12-1 所示的插入图框绘制过程为例讲述插入图框的创建方法。

图12-1 【插入图看】对话框

操作步骤：

第一，点击【文件布图】，打开下一级菜单，单击【插入图框】命令，打开【插入图框】对话框，如图 12-2 所示，对话框控件的功能说明如下。

[标准图幅]共有 A4 ~ A0 五种标准图幅，单击某一图幅的按钮，就选定了相应的图幅。

[图长/图宽]选取标准图幅的图长与图宽。

[横式/立式]选定图纸格式为立式或横式。

[加长]选定加长型的标准图幅，单击右边的箭头，出现国标加长图幅供选择。

[自定义]如果使用过在图长和图宽栏中输入的非标准图框尺寸，命令会把此尺寸作为自定义尺寸保存在此下拉列表中，单击右边的箭头可以从中选择已保存的 20 个自定义尺寸。

[比例]设定图框的出图比例,此数字应与"打印"对话框的"出图比例"一致。此比例也可从列表中选取,如果列表没有,也可直接输入。勾选"图纸空间"后,此控件暗显,比例自动设为1∶1。

[图纸空间]当前视图切换为图纸空间(布局),"比例"自动设置为1∶1。

[会签栏]在图框左上角加入会签栏,单击右边的按钮从图框库中可选取预先入库的会签栏。

[标准标题栏]在图框右下角加入国标样式的标题栏,单击右边的按钮从图框库中可选取预先入库的标题栏。

[通长标题栏]在图框右方或者下方加入用户自定义样式的标题栏,单击右边的按钮从图框库中可选取预先入库的标题栏,命令自动从用户所选中的标题栏尺寸判断插入的是竖向或是横向的标题栏,采取合理的插入方式并添加通栏线。

[右对齐]图框在下方插入横向通长标题栏时,勾选"右对齐"时可使得标题栏右对齐,左边插入附件。

[附件栏]选择"通长标题栏"后,"附件栏"可选,勾选"附件栏"后,允许图框一端加入附件栏,单击右边的按钮从图框库中可选取预先入库的附件栏,可以是设计单位徽标或者是会签栏。

[直接插图框]在当前图形中直接插入带有标题栏与会签栏的完整图框,而不必选择图幅尺寸和图纸格式,单击右边的按钮从图框库中可选取预先入库的完整图框。

第二,确定所有选项后,单击【插入】按钮,屏幕上出现一个可拖动的蓝色图框,移动光标拖动图框,看尺寸和位置是否合适,在合适位置取点插入图框,如果图幅尺寸或者方向不合适,右键回车返回对话框,重新选择参数。同时命令行窗口提示如下。

请点取插入位置<返回>:点取图框位置。

图框的插入结果如图12-1所示。

二、图变单色

图变单色命令可以把按图层定义绘制的彩色线框图形临时变为黑白线框图形的功能,适用于为编制印刷文档前对图形进行前处理,由于彩色的线框图形在黑白输出的照排系统中输出时色调偏淡,【图变单色】命令将不同的图层颜色临时统一改为指定的单一颜色,为出图作好准备。

操作步骤:

点击【图变单色】命令,命令行窗口提示如下。

请输入平面图要变成的颜色/1-红/2-黄/3-绿/4-青/5-蓝/6-粉/7-白/<7>:回车

一般常把背景颜色先设为白色,执行本命令后,用回车选择7-白色(白背景下为黑色),图形中所有图层颜色改为黑色。

三、颜色恢复

颜色恢复命令将图层颜色恢复为系统默认的颜色,即在当前图层标准中设定的颜色。

操作步骤:

点击【颜色恢复】命令,执行后将图层颜色恢复为系统默认的颜色。

综上,单比例布图的步骤和方法如下。

第一,使用【当前比例】命令设定图形的比例,以1:100为例。

第二,按设计要求绘图,对图形进行编辑修改,直到符合出图要求。

第三,单击【文件布图】→【插入图框】,按图形比例(如1:100)设置图框比例参数,单击【确定】按钮插入图框。

第四,单击【图变单色】命令,将绘制的彩色图形变成黑白颜色的图形。

第五,以AutoCAD【文件】→【页面设置】命令配置好适用的绘图机,在对话框中的【布局】设置栏中按图形比例大小设定打印比例（如1∶100）；单击【确定】按钮保存参数，或者打印出图。①

第二节　多比例布图

在绘图软件中建筑对象在模型空间设计时都是按1∶1的实际尺寸创建的，布图后在图纸空间中这些构件对象相应缩小了出图比例的倍数（1∶5就是缩小0.2倍），换言之，建筑构件无论当前比例是多少都是按1∶1创建的，当前比例和改变比例并不改变构件对象的大小。而对于图中的文字、工程符号和尺寸标注，以及断面填充和带有宽度的线段等注释对象，则情况有所不同，它们在创建时的尺寸大小相当于输出图纸中的大小乘以当前比例，可见它们与比例参数密切相关，因此在执行【当前比例】和【改变比例】命令时实际上改变的就是这些注释对象。

所谓"多比例布图"就是把多个选定的模型空间的图形分别按各自画图使用的"当前比例"为倍数，利用【定义视口】操作，缩小放置到图纸空间中的视口，最后拖动视口调整好出图的最终版面，并能把注释对象自动调整到符合规范。②

一、插入图框

操作步骤：

单击【插入图框】命令，打开【插入图框】对话框，如图12-2所示。图框比例自动为1∶1。

---

①赵武.AutoCAD建筑绘图与天正建筑实例教程[M].北京：机械工业出版社,2014.
②赵兵华,俞晓.土木工程CAD+天正建筑基础实例教程[M].南京：东南大学出版社,2011.

图12-2　图纸空间下【插入图框】对话框

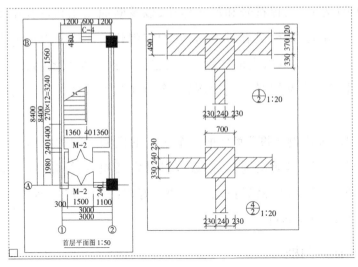

图12-3　定义视口示意图

二、定义视口

本命令将模型空间的指定区域的图形以给定的比例布置到图纸空间,创建多比例布图的视口。

操作步骤:

第一,单击【定义视口】命令,点取菜单命令后,如果当前空间为图纸空间,会切换到模型空间,同时命令行窗口提示如下。

请给出图形视口的第一点<退出>:点取视口的第一点。

第二点<退出>:点取外包矩形对角点作为第二点把图形套入。

该视口的比例 1 : <50>:键入视口的比例,该比例要与选取的绘图的比例一致,系统切换到图纸空间;

请点取该视口要放的位置<退出>:点取视口的位置,将其布置到图纸空间中。

第二,单击【定义视口】命令,命令行窗口提示如下。

请给出图形视口的第一点<退出>:点取视口的第一点;

第二点<退出>:点取外包矩形对角点作为第二点把图形套入;

该视口的比例 1 : <20>:键入视口的比例,该比例要与选取的绘图的比例一致,系统切换到图纸空间;

请点取该视口要放的位置<退出>:点取视口的位置,将其布置到图纸空间中。

操作结果如图 12-3 所示。

综上,多比例布图的步骤和方法如下:①使用【当前比例】命令设定图形的比例,例如先画 1 : 50 的楼梯平面图形部分;②按设计要求绘图,对图形进行编辑修改,直到符合出图要求;③在绘图区域重复执行①、②的步骤,改为按 1 : 20 的比例绘制节点部分;④单击图形下面的"布局"标签,进入图纸空间;⑤以 CAD【文件】→【页面设置管理器】命令配置好适用的打印机和图纸大小,在【布局】设置栏中设定打印比例为 1 : 1,单击【确定】按钮保存参数,删除自动创建的视口;⑥单击【图变单色】命令,将绘制的彩色图形变成黑白颜色的图形;⑦单击天正菜单【文件布图】→【定义视口】,设置图纸空间中的视口,重复执行⑥定义 1 : 50、1 : 20 等多个视口;⑧在图纸空间单击【插入图框】,设置图框比例参数 1 : 1,单击【确定】按钮插入图框,最后打印出图。

参考文献
REFERENCES

[1]　鲍凤英,任颖.怎样识读建筑施工图[M].北京:金盾出版社,
2011.

[2]　陈邦玺.AutoCAD 辅助绘图工具应用实例[J].内燃机与配
件,2017(20):156-157.

[3]　陈琪.基于 AutoCAD 平台的三维建筑设计系统的研究[D].北
京:北京工业大学,2018.

[4]　程静,于海霞.AutoCAD 上机指导[M].北京:国防工业出版
社,2015.

[5]　董岚主,张莺,王刚,等.建筑制图与识图[M].东营:中国石
油大学出版社,2014.

[6]　傅桂兴,齐燕.AutoCAD 绘图教程[M].北京:中央广播电视大
学出版社,2016.

[7]　顾叶环.基于 AutoCAD 二次开发的参数化绘图设计研究与应
用[D].合肥:安徽建筑大学,2017.

[8]　官文娟,张静.基于 AutoCAD 软件的智能建筑环境空间结构
设计[J].现代电子技术,2019,42(20):173-176.

[9]　郭琳,陈梓霖.AutoCAD 在室内设计中的应用[J].电脑编程
技巧与维护,2019(12):153-154+168.

[10] 何培斌.建筑制图与识图[M].重庆:重庆大学出版社,2017.

[11] 黄水生.AutoCAD基础与应用教程[M].广州:华南理工大学出版社,2015.

[12] 黄文.AutoCAD实训教程[M].成都:西南交通大学出版社,2018.

[13] 姜一,郭欣,冉国强.AutoCAD建筑制图与应用[M].武汉:华中科技大学出版社,2015.

[14] 李宏俭.CAD高效绘制建筑专业图的实用技术[J].智能建筑与城市信息,2013(02):99-102.

[15] 梁胜增,吴美琼.建筑制图与识图[M].武汉:华中科技大学出版社,2015.

[16] 林强,董少峥,王海文.计算机绘图AutoCAD2014[M].武汉:华中科技大学出版社,2017.

[17] 刘莉.建筑制图[M].武汉:华中科技大学出版社,2017.

[18] 刘玥.提高AutoCAD绘图效率的方法[J].电子技术与软件工程,2018(24):41.

[19] 马广东,于海洋,郜颖.建筑制图[M].北京:航空工业出版社,2015.

[20] 裴圣华,易国华,应帅,罗乔.提高AutoCAD绘图质量与效率的探究[J].南方农机,2018,49(14):17.

[21] 齐昕.AutoCAD绘图与出图中的比例关系研究[J].科技经济导刊,2018,26(27):41+43.

[22] 尚明玥,张楼.AutoCAD在建筑行业中的应用技巧[J].黑龙江科技信息,2013(32):157-158.

[23] 田东梅.建筑制图与识图[M].重庆:重庆大学出版社,2016.

[24] 汪海芳.CAD2010绘制建筑图的几点实用技巧[J].科技信息,2012(16):244.

[25] 王波.AutoCAD中块命令的应用[J].安徽电子信息职业技术学院学报,2018,17(04):29-32.

[26] 王静,程雪飞,涂光璨,等.AutoCAD实训教程[M].石家庄:河北美术出版社,2015.

[27] 王水林.AutoCAD案例实战教程[M].徐州:中国矿业大学出版社,2017.

[28] 王晓燕,袁涛.AutoCAD布局空间输出及参数设置[J].电脑知识与技术,2019,15(33):275-277.

[29] 王宇翔.运用AutoCAD高效绘制建筑平面图的几点技巧[J].福建电脑,2012,28(12):160-162.

[30] 肖瑾,张晶,吴聪,等.计算机辅助设计AUTOCAD[M].合肥:合肥工业大学出版社,2016.

[31] 熊思颖.基于AutoCAD二次开发的工程图的三维重建技术研究[D].太原:太原理工大学,2018.

[32] 杨小玉.基于AutoCAD的建筑制图应用分析[J].电子测试,2014(18):156-158.

[33] 叶砚葳,刘晓明.AutoCAD建筑制图[M].武汉:华中科技大学出版社,2014.

[34] 俞大丽,张莹,李海翔.中文版AutoCAD建筑制图高级教程[M].北京:中国青年出版社,2016.

[35] 张百红,于小路.使用AutoCAD绘图的几点技巧[J].中国西

部科技,2004(13):10-12.

[36]　张敏.AutoCAD使用攻略[M].武汉:湖北科学技术出版社,
2015.

[37]　张秀魁,任志伟,王学广.AutoCAD2016工程制图[M].北京:
北京理工大学出版社,2018.

[38]　赵冰华,喻骁,胡爱宇,等.土木工程CAD+天正建筑基础实
例教程　第2版[M].南京:东南大学出版社,2014.

[39]　赵兵华,俞晓.土木工程CAD+天正建筑基础实例教程[M].
南京:东南大学出版社,2011.

[40]　赵丽华,杨哲.建筑制图与识图[M].南京:东南大学出版
社,2015.

[41]　赵武.AutoCAD建筑绘图与天正建筑实例教程[M].北京:机
械工业出版社,2014.

[42]　郑义模.AutoCAD[M].南昌:江西高校出版社,2014.

[43]　胡凯.AutoCAD基础教程第2版[M].重庆:重庆大学出版社,
2019.

[44]　支剑锋.AutoCAD绘图教程[M].西安:西安电子科技大学出
版社,2016.

[45]　朱冰.AutoCAD入门基础教程[M].石家庄:河北美术出版
社,2017.

[46]　邹锦波.基于AutoCAD特点的图形绘制技巧[J].山东农业
工程学院学报,2019,36(02):29-31.